Unser Hund

DER AUSTRALIAN SHEPHERD

Inga Paff

Kynos Verlag

© 2011 KYNOS VERLAG Dr. Dieter Fleig GmbH
Konrad-Zuse-Straße 3, D-54552 Nerdlen/Daun
Telefon: 06592 957389-0
Telefax: 06592 957389-20
www.kynos-verlag.de

Grafik & Layout: Kynos Verlag
Gedruckt in Lettland

2. Auflage 2012

ISBN 978-3-942335-18-8

Bildnachweis:
Buchumschlag Inga Paff
Dr. Tellheim: Seite 144.
Nadine Krei: Seite 8, 11, 14, 16-18, 19 unten, 22, 23, 25 oben, 32, 34, 36, 44 unten, 46, 48, 51 unten, 55-56, 58-61, 64, 66, 71-74, 76, 78-80, 82, 84, 86-89, 92 unten, 93, 95 oben, 100, 104, 108-113, 115 re., 116, 118-120, 121 oben u. unten, 122, 125, 127, 129 oben, 134, 136, 138-140, 145-147, 151, 157.
Thorsten Lukaszczyk: Seite 10, 83.
Inga Paff: Seite 12-13, 19 oben, 20-21, 24, 25 unten, 26, 28-29, 30-31, 39, 43, 44 oben, 49, 51, 53-54, 62-63, 68, 70, 75, 81, 92 oben u. mitte, 96, 99, 102, 105, 107, 110, 114, 115 li., 121 mitte, 123-124, 126, 129, 130, 141, 148, 150.
Inga Paff/ Daniel Jung: Seite 85, 95 mitte u. unten, 155.
Gisela Rau: Seite 142.
Tierfotoagentur.de / Jalinek: Seite 133 unten.
Tierfotoagentur.de / Lührs: Seite 132.
Tierfotoagentur.de / Hutfuss: Seite 133 oben.

Mit dem Kauf dieses Buches unterstützen Sie die
Kynos Stiftung Hunde helfen Menschen
www.kynos-stiftung.de

Haftungsausschluss: Die Benutzung dieses Buches und die Umsetzung der darin enthaltenen Informationen erfolgt ausdrücklich auf eigenes Risiko. Der Verlag und auch der Autor können für etwaige Unfälle und Schäden jeder Art, die sich bei der Umsetzung von im Buch beschriebenen Vorgehensweisen ergeben, aus keinem Rechtsgrund eine Haftung übernehmen. Rechts- und Schadenersatzansprüche sind ausgeschlossen. Das Werk inklusive aller Inhalte wurde unter größter Sorgfalt erarbeitet. Dennoch können Druckfehler und Falschinformationen nicht vollständig ausgeschlossen werden. Der Verlag und auch der Autor übernehmen keine Haftung für die Aktualität, Richtigkeit und Vollständigkeit der Inhalte des Buches, ebenso nicht für Druckfehler. Es kann keine juristische Verantwortung sowie Haftung in irgendeiner Form für fehlerhafte Angaben und daraus entstandenen Folgen vom Verlag bzw. Autor übernommen werden. Für die Inhalte von den in diesem Buch abgedruckten Internetseiten sind ausschließlich die Betreiber der jeweiligen Internetseiten verantwortlich.

Inhaltsverzeichnis

Einleitung

Australian Shepherds kommen in Deutschland immer mehr in Mode – wer sich etwas genauer mit dieser Rasse beschäftigt, sieht diese Entwicklung nicht ohne Sorge. Auch ich beobachte dies mit einem lachenden und einem weinenden Auge, denn ich sehe einerseits viele glückliche Besitzer von Australian Shepherds, die in ihren Hund regelrecht vernarrt sind, zum anderen aber auch einige, die mit ihrem Hund einfach nicht zurechtkommen, weil er sich nicht so verhält, wie sie es erwartet hatten.

In diesem Buch über den Australian Shepherd möchte ich daher, neben einem Überblick über die Rassegeschichte und einigen Informationen zum Äußeren dieser Arbeitshunde, vor allem auf das typische Verhalten der »Aussies« eingehen.

Australian Shepherds sind ganz besondere Hunde, die faszinieren und begeistern können, die aber oft auch sehr hohe Ansprüche an ihre Besitzer stellen.

Im deutschsprachigen Raum fehlt mir persönlich bis heute ein Buch, in dem ausführlich und für den Hundeneuling verständlich beschrieben wird, was die im Rassestandard festgelegte Beschreibung der Charaktereigenschaften wie »reserviert gegenüber Fremden« und »mit ausgesprochenem Hüte- und Bewachungsinstinkt« bzw. »Schutztrieb« wirklich in der Praxis bedeutet. Und was ist eigentlich ein »Arbeitshund«, als welcher der Aussie im Standard ausdrücklich definiert wird?

In meiner hundeverhaltenstherapeutischen Arbeit werde ich immer wieder mit Aussiebesitzern konfrontiert, die mir sagen, dass sie nirgendwo gelesen oder gehört haben, dass »Aussies so sein können«. Und sie haben recht, in den Rassebeschreibungen werden die oben genannten Begriffe zwar immer erwähnt, aber der Hundeneuling liest schnell darüber hinweg, weil sie nicht weiter erklärt werden und eher nebensächlich erscheinen. Ersthundebesitzer können sich unter diesen Begriffen oft nicht viel vorstellen, und dann fallen sie aus allen Wolken, wenn ihr Hund zum ersten Mal das rassetypische Verhalten zeigt.

Diese manchmal nicht ganz einfach zu handhabenden Verhaltensweisen

Australian Shepherds sind aktive Hunde, die ihre Besitzer am liebsten überallhin begleiten möchten.

sind keinesfalls ein Grund, Australian Shepherds nicht zu mögen. Ich liebe diese Rasse und bin weit davon entfernt, sie schlechtreden zu wollen. Man muss einfach nur wissen, was man von einem Aussie erwarten darf und was nicht. Der Züchter darf nicht voraussetzen, dass dieses Wissen vorhanden ist, er muss seine Welpeninteressenten ausreichend beraten, und auch der angehende Hundehalter ist in der Pflicht, sich vor dem Hundekauf zu informieren, wofür eine Rasse gezüchtet wurde und welche Verhaltensweisen für sie typisch sind, und er sollte sich ehrlich fragen, ob er mit so einem Hund die nächsten

15 Jahre zusammenleben möchte – dies gilt im Übrigen nicht nur für den Australian Shepherd, sondern für jede Rasse. Dieses Buch soll einen Überblick darüber geben, wie das Leben mit einem Aussie sein kann und wie man es von Anfang an optimal gestaltet, damit Probleme gar nicht erst auftauchen.

Aussies sind eine Herausforderung, so viel ist klar. Sie können aber auch wundervoll charmant sein und ihr Gegenüber ganz gezielt um den Finger wickeln. Durch ihre gute Beobachtungsgabe haben sie meist schon im Welpenalter herausgefunden, wie sie ihre Menschen dazu bringen können,

bestimmte Dinge für sie zu tun, und wie alle Hunde nutzen sie das natürlich schamlos aus. Es bringt mich immer wieder zum Lächeln, wenn ich sehe, wie schlau so manche Aussiepersönlichkeit diskret aus dem Hintergrund die Fäden in der Familie zieht, dabei aber mit absoluter Hingabe an ihrem Besitzer hängt und alles für ihn tun würde. Denn auch das ist ein typischer Wesenszug dieser besonderen Hunde. Doch dazu später mehr.

Betonen möchte ich, auch wenn ich ein Buch über die typischen Merkmale dieser Hunderasse schreibe, dass es »den Australian Shepherd« nicht gibt. Der Charakter eines Hundes ist immer eine Mischung aus seinem genetischen Rahmen, seiner Umwelt und seinen Erfahrungen. Somit ist es leicht zu verstehen, dass sogar Wurfgeschwister mit ähnlichen genetischen Voraussetzungen als erwachsene Hunde komplett unterschiedliches Verhalten zeigen können, weil sie anders aufgewachsen sind und verschiedene Erfahrungen gemacht haben. Beim Aussie ist die Vielfalt noch größer als bei manch anderen Rassen, weil die Zielsetzungen der Züchter sehr unterschiedlich sein können und die genetische Ausgangsbasis glücklicherweise recht breit war.

Sowohl äußerlich als auch charakterlich variieren Australian Shepherds stark: Es gibt sowohl Draufgänger als auch Schlafmützen, sowohl Hütecracks als auch Aussies ohne jegliches Interesse am Vieh, es gibt misstrauische Aufpasser und Aussies, die jedem Einbrecher fröhlich die Wohnung zeigen würden. Daher wird es sicher immer einen Leser geben, der sagt, »mein Aussie ist überhaupt nicht so«, und das ist auch absolut richtig. Aber es gibt trotz dieser Variabilität doch deutliche Tendenzen zu bestimmten Verhaltensweisen, die man als typisch bezeichnen kann und die in diesem Buch auf jeden Fall Erwähnung finden werden.

Das rassetypische Verhalten ist nicht jedermanns Sache.

Ursprung und Geschichte der Rasse

Der Australian Shepherd stammt, anders als sein Name zunächst vermuten lässt, aus Nordamerika. Als die weißen Siedler die »neue Welt« entdeckten und durch den Zug nach Westen im Laufe der Zeit immer mehr Menschen aus anderen Kontinenten nach Nordamerika kamen, brachten sie zusammen mit ihren Nutztieren auch ihre Hunde mit. Der Australian Shepherd entstand aus verschiedenen alten Hütehundschlägen aus aller Welt.

Es gibt keine Aufzeichnungen über die Hundetypen, die vor Beginn der geplanten Zucht an der Entstehung der ersten Australian Shepherds beteiligt waren. Man glaubt, dass unter anderem verschiedene Collieschläge (beispielsweise die britischen »Farm Collies«, Vorgänger des heutigen Border Collies), die alten Schläge des Old Welsh Bob Tail und die Ahnen des heutigen Berger des Pyrenées einen nicht geringen Teil zur Entstehung des Aussies beigetragen haben. Es wurden Hunde verpaart, die gerade vorhanden waren und die sich durch Arbeitsleistung am Vieh ausgezeichnet hatten, dabei achtete man selten auf das Äußere und die Herkunft, geschweige denn auf Rassezugehörigkeit. Dennoch entstand schon relativ früh ein gewisser Typ, der dem heutigen Australian Shepherd sehr ähnlich war, den man aber auch bei vielen alten Hütehundschlägen in Europa noch immer wiederfindet.

Hartnäckig hält sich das Gerücht, Dingo-Mischlinge seien im 19. Jahrhundert aus Australien als Hütehunde nach Nordamerika gebracht worden, und diese seien dann an der Entstehung des Australian Shepherd beteiligt gewesen. Da ich dieses immer wieder sogar in neueren Publikationen lese, möchte ich hier kurz erläutern, warum das enorm unwahrscheinlich ist. Der Dingo kam vor etwa 6.000 Jahren zusammen mit den heutigen Ureinwohnern nach Australien und verwilderte dort. Seitdem ernährt der Dingo sich durch die Jagd, er hat keinerlei Tötungshemmung gegenüber menschlichen Nutztieren, Schafe sind für ihn Beutetiere. Demgegenüber wurden Hütehunde seit Jahrtausenden

Die Arbeitsleistung stand bei der Entstehung der Rasse an erster Stelle.

auf eben diese Tötungshemmung selektiert, eine solch gravierende Änderung des Verhaltens erreicht man nicht in nur einer Zuchtgeneration. Es ist leicht vorstellbar, dass die Einkreuzung eines Dingos in die sorgfältig nach Leistung ausgewählten Hütehunde verheerende Folgen für den Nutztierbestand eines australischen Farmers gehabt hätte. Von diesen Nutztieren hing aber die Existenz des Farmers ab, daher – so spannend die Vorstellung für uns auch sein mag – hätte sicher kein Farmer eine solche Einkreuzung gezielt vorgenommen und mit diesen Hunden gar

weitergezüchtet. Somit ist diese These wohl eher dem Bereich der Legende zuzuordnen.

Im 19. Jahrhundert sind vor allem im Westen Nordamerikas, wo sich zu dieser Zeit die großen Schafherden ausbreiteten, schon recht viele Hunde dokumentiert, die dem Typ des heutigen Australian Shepherd stark ähneln. Diese »little blue dogs«, wie sie in einigen Quellen genannt werden, fielen durch ihre selbstständige Arbeitsweise und ihre Unabhängigkeit auf. Dennoch waren sie sehr gelehrig und auf ihren Menschen bezogen. Sie hielten die Herden auf

16

den weitläufigen Weidegebieten zusammen und beschützten sie gegen Raubtiere und Viehdiebe.

Der Australian Shepherd kam damals vermutlich zu seinem Namen, weil er oft mit den Merino-Schafherden, die sich wegen ihrer Hitzeunempfindlichkeit für den heißen Westen Amerikas eigneten, zusammen auftrat. Diese Schafe nannte man »Australian Sheep«, und so wurden aus den Hunden, die sie hüteten, die »Australian Shepherds«.

Es heißt, dass die Indianer diese Vorgänger der heutigen Aussies wegen ihrer oftmals blauen Augen als »ghost-eyed dogs« (Hunde mit Geisteraugen) bezeichneten. Es gibt einige alte Fotos, die Indianer zusammen mit Hunden zeigen, die dem heutigen Aussie schon erstaunlich ähnlich sahen.

Zunächst wurden die Vorgänger unserer Aussies rein auf Arbeitsleistung verpaart. Es gab keinen Rassestandard, und den Farmern war es oft egal, wie ihr Hund aussah. Es gab allerdings schon ein paar Farmer, die darüber Buch führten, welche Hunde gekreuzt worden waren, um später nachvollziehen zu können, welche Verpaarung die beste Arbeitsleistung erbracht

Die ursprünglichen Australian Shepherds hüteten und beschützten die ihnen anvertrauten Nutztiere.

hatte. Im Vordergrund stand, dass die Hunde robust und gesund waren, die Familie und das Nutzvieh vor Raubtieren und menschlichen Dieben mit vollem Einsatz bewachten, und dass sie zäh, selbstständig und ausdauernd am Vieh arbeiten konnten.

Sie führten auf den Farmen und Ranches und auf den weitläufigen Grasflächen des Westens oft, ebenso wie ihre Besitzer, ein entbehrungsreiches Leben. Die Auslese war hart, und das Ziel war von Anfang an die Vielseitigkeit: Ein guter Arbeitsaussie musste verschiedene Arten von Nutzvieh arbeiten und sich auf die unter-

schiedlichen Tierarten einstellen können. Rinder, Ziegen, Schafe, Enten, Gänse – Aussies wurden für alle möglichen Nutztiere eingesetzt. Sie mussten in der Lage sein, ihre Arbeitsweise jeweils anzupassen, um mit Rindern entsprechend hart und unnachgiebig, mit Enten und Lämmern dafür umso sanfter und zurückhaltender umzugehen.

Viele Farmer hielten aber auch mehrere Hunde, von denen sich jeder für eine spezielle Aufgabe besonders eignete. Daraus entwickelten sich im Laufe der Jahrzehnte besondere Zuchtlinien. So gibt es heute, vor allem in Nordamerika,

Sie waren auch aufmerksame Wächter über die Familie und das Eigentum ihrer Besitzer.

Zuchtlinien von Australian Shepherds, die tendenziell eher für die Arbeit mit Rindern geeignet sind, da sie sehr mutig und unnachgiebig sind, einen starken Willen haben und sich auch gegen einen Bullen durchsetzen können. Sie sind unerschrocken und stehen auch nach einem Tritt eines Rindes sofort wieder auf, um weiterzuarbeiten. Diese Hunde sind oft zu heftig für Schafe, aber ein Rinderzüchter weiß so einen Aussie auf jeden Fall zu schätzen. Andere Zuchtlinien bevorzugen sanftere Hunde, die mit Rindern vermutlich weniger gut zurechtkommen würden. Die meisten Züchter arbeitender Aussies aber legen auch heute noch Wert auf die Vielseitigkeit, für die der Aussie berühmt ist und die auch auf den Hütetrials (Wettbewerben) gefordert wird. Bis in die Mitte des 20. Jahrhunderts wurde der Australian Shepherd nicht reingezüchtet. Daher hatte der Aussie ursprünglich eine große genetische Variabilität, die ihm eine robuste Gesundheit und eine hohe Flexibilität und Anpassungsfähigkeit einbrachte. Erst mit Beginn der Linienzucht bzw. Inzucht wurde die genetische Basis stärker eingeschränkt.

Anfang der 1950er-Jahre gewann der Aussie schnell an Popularität, als Jay Sisler aus Idaho auf Rodeo-Shows in ganz Nordamerika und Kanada mit seinen Trick Dogs auftrat. Sislers Aussies beherrsch-

Vielseitigkeit ist ein besonderes Merkmal der Aussies: Sie hüten sowohl Schafe ...

... als auch Rinder ...

... oder Enten.

ten halsbrecherische Tricks wie das Seilspringen (ein Hund hielt das Ende des Seils, das Sisler schwang, während der zweite Hund sprang), über Leitern klettern, auf schmalen Brettern auf den Hinterbeinen balancieren und vieles mehr. Jay Sisler übte täglich mehrmals mit ihnen, wenn sie nicht auf seiner Farm am Vieh arbeiteten – denn ausgebildete Hütehunde waren sie natürlich auch. Sislers Hunde traten in mehreren Filmen wie »Run, Appaloosa Run« und Disney's »Stub – The Best Cowdog in the West« auf.

Seinen ersten Hund vom Typ eines Australian Shepherd bekam Jay Sisler etwa Ende der 1930er-

Jahre, aber der erste Aussie, den er erfolgreich trainierte, war Keno in den 1940ern. Im Jahr 1947 kam die Hündin Blue Star (auch genannt Blue oder Old Blue, eigentlich im Besitz von Sislers Bruder Gene) auf die Sisler-Farm. Blue Star und Keno waren die Eltern des berühmten Brüderpaares Shorty (1948-1959) und Stub (1948-1960), beide im dunklen Blue Merle.

Sislers Hunde findet man am Anfang der Dokumentation vieler heutiger Aussie-Stammbäume (Pedigrees), denn sie waren durch ihre große Popularität als Deckrüden bald heiß begehrt, und Sisler lieh sie auf seiner Tour durch das Land vielen Farmern für deren Hündinnen aus. Der Rüde Shorty war der Urvater einiger der bekanntesten Australian Shepherd Zuchtlinien. Aus Shortys Verpaarung mit Fletcher Wood's Hündin Little Blue suchte sich Jay Sisler seinen Trick Dog Joker aus, dessen Enkeltochter Taylor's Buena (vor allem in Verpaarung mit Taylor's Whiskey) zum Beispiel eine alte Zuchtlinie begründete, die einige sehr gute Arbeitshunde hervorbrachte. Und auch bis auf Sislers Rüden John kann man heute noch einige Pedigrees vor allem der Showlinien zurückverfolgen. Viele basieren beispielsweise auf Wildhagen's Thistle of Flintridge, der Begründerin der

Flintridge-Linie (vor allem in Verpaarung mit Wildhagen's Dutchman of Flintridge), die eine Tochter von Sisler's John und Wildhagen's Chili of Flintridge war.

Dies sollen nur einige Beispiele sein. Weitere Gründungs-Zuchtlinien wurden von der Hartnagle-Familie und anderen bekannten Züchtern aufgebaut. Es ist eine spannende Angelegenheit, sich in die Pedigrees heutiger Aussies einzulesen und Verwandtschaften nachzuvollziehen. Alleine mit der Darlegung dieser Zusammenhänge ließe sich ein ganzes Buch füllen. Interessierte Leser finden Links und Literatur dazu im Anhang.

Während der Zeit, in der Jay

Eine hübsche, zierliche Hündin vom Arbeitstyp.

Sisler mit seinen Hunden durch Nordamerika tourte, hatte sich bereits ein Netzwerk engagierter Aussie-Freunde gebildet, das im Jahr 1957 den Australian Shepherd Club of America (ASCA) ins Leben rief. 1966 entstand die International Australian Shepherd Association (IASA), die zunächst ein eigenes Zuchtbuch führte und sich 1980 mit dem ASCA (als ASCA, Inc.) zusammenschloss, der als Stammklub infolgedessen jahrelang das einzige Zuchtbuch führte. Der Rassestandard des ASCA wurde im Jahr 1977 beschlossen. Der American Kennel Club (AKC) öffnete erst 1991 sein Zuchtbuch für den Australian Shepherd. Der ASCA-Rassestandard wurde leicht verändert übernommen und trat hier 1993 in Kraft.

Spätestens mit dem Beschluss des Rassestandards wurde die Aussie-Zucht in den USA auch im Hinblick auf das Ausstellungswesen betrieben, und in manchen Linien geriet der Arbeitsinstinkt zugunsten guter Show-Ergebnisse etwas ins Hintertreffen.

In Europa waren Australian Shepherds lange Zeit unbekannt. Die ersten dieser Hunde wurden in den 1970er-Jahren zusammen mit den ersten Quarter Horses von der Westernreitszene importiert. In diesen Kreisen fanden die Aussies auch in Deutschland ihre ersten Liebhaber. Der Welt-Dachverband für Hundezucht, die Fédération Cynologique Internationale (FCI) erkannte den Australian Shepherd im Jahr 1996 vorläufig als Rasse an. Seitdem werden in Deutschland Australian Shepherds auch unter dem Verband für das Deutsche Hundewesen (VDH) als deutschem Dachverband unter der FCI gezüchtet und registriert. Die endgültige Anerkennung durch die FCI erfolgte erst im Jahr 2007.

Obwohl es also schon seit dem 19. Jahrhundert Hunde in Nordamerika gab, die dem heutigen Aussie verblüffend ähnlich sahen, wurde die Rasse erst ab der Mitte des 20. Jahrhunderts nach festgelegten Richtlinien gezüchtet, und die internationale Anerkennung ist erst wenige Jahre her.

Der erste Schnee ist ein wunderbarer Anlass für ein ausgelassenes Spiel.

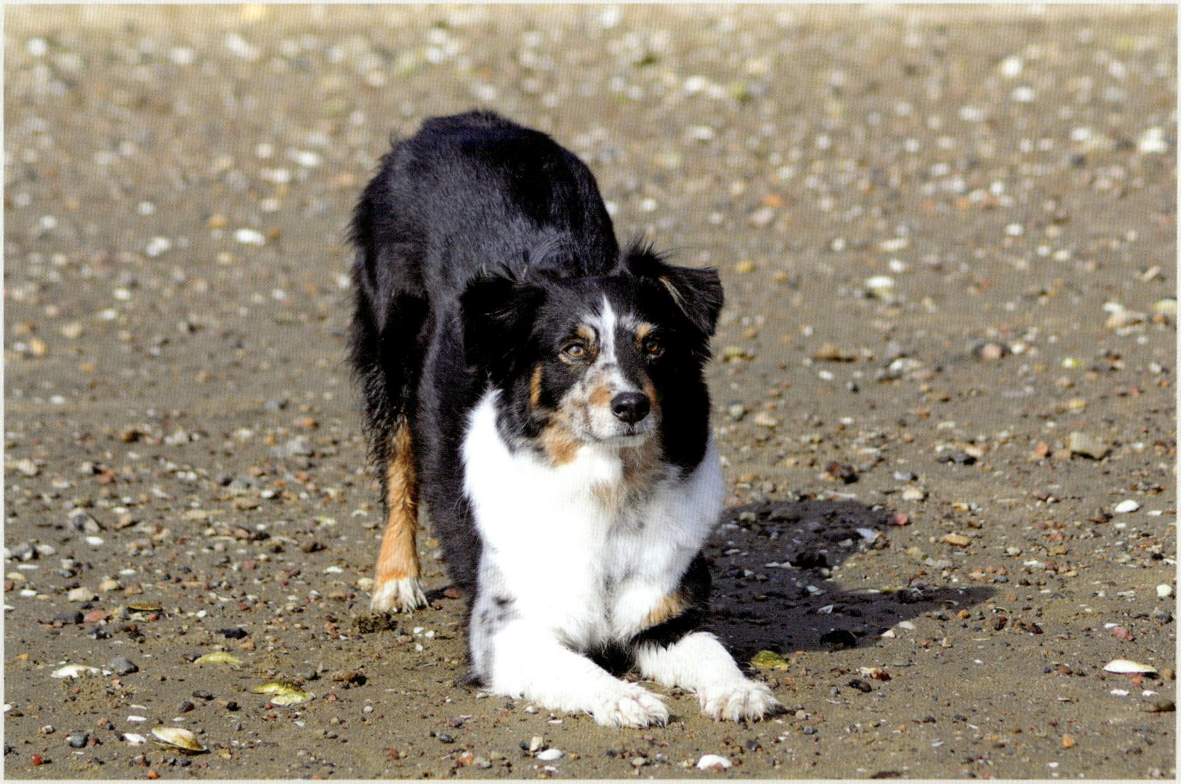
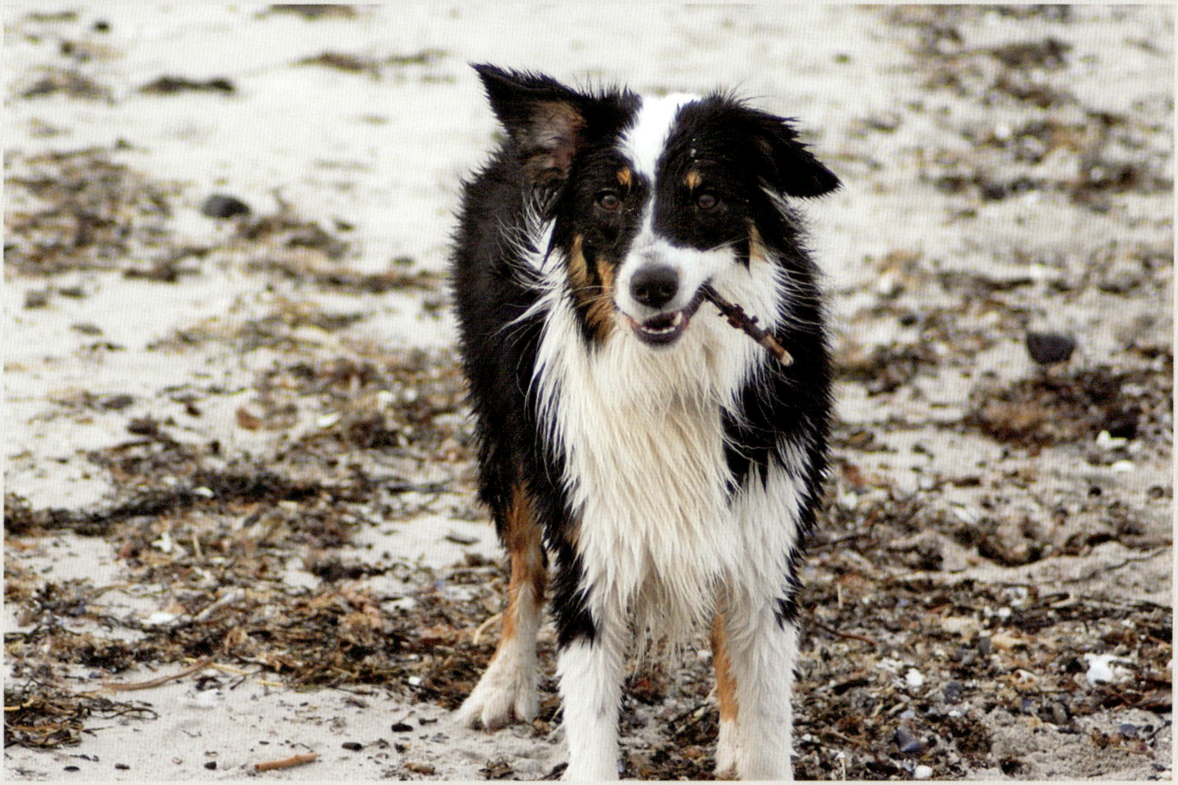

Arbeitshunde am Nutzvieh

Seit die Menschen Nutztiere halten, bedienen sie sich ihrer Hunde, um das Vieh zu bewachen, und später entdeckte der Mensch auch die Eignung des Hundes, das Vieh zu hüten und zu lenken. Australian Shepherds gehören zu den Hütehunden. Um die Aufgaben, für die sie gezüchtet wurden, etwas genauer zu erklären, möchte ich zunächst erklären, was Hüteverhalten eigentlich ist, und zu welchen Zwecken Hüte- und Treibhunde verwendet wurden und werden. Zudem ist die Abgrenzung zu den Herdenschutzhunden wichtig, damit keine Verwechslungen entstehen.

Das Hüteverhalten ist ursprünglich aus dem Jagdverhalten entstanden. Jagdverhalten besteht aus mehreren Sequenzen:

Orten – Fixieren – Anpirschen – Hetzen – Packen – Töten.

Im Laufe der Jahrtausende hat der Mensch diese einzelnen Sequenzen durch züchterische Selektion für seine Zwecke weiterentwickelt oder reduziert. Aus dem Orten wurde das Auffinden der Schafe. Aus dem Fixieren entstand das »Auge zeigen«, aus dem Anpirschen das geduckte Schleichen. Die beiden letztgenannten Punkte wurden ganz besonders stark beim Border Collie züchterisch betont. Aus dem Hetzen entstand das Umrunden, Einsammeln und Treiben des Viehs. Das Packen wurde, wenn es überhaupt noch vorhanden ist, auf ein leichtes Kneifen mit starker Beißhemmung reduziert, und das Töten wurde ganz weggezüchtet. Kein Farmer kann einen Hund gebrauchen, der die Nutztiere verletzt oder sogar tötet. Niemals wurden Hunde, die ein solches Verhalten zeigten, zur Zucht verwendet. So hat sich der Mensch aus dem ursprünglichen Jäger einen unschätzbaren Helfer bei der täglichen Arbeit mit dem Nutzvieh geschaffen.

Hütehunde

Hütehunde sind dazu da, die Schafe zu bewegen und zu kontrollieren. Sie arbeiten eng mit dem Schäfer zusammen. Sie zeigen das oben beschriebene Hüteverhalten. Hütehunde werden nach der Art ihrer Tätigkeit grob in Koppelgebrauchshunde und Herdengebrauchshunde unterteilt, wobei es natürlich im praktischen Alltag Mischformen und Überschneidungen gibt.

Koppelgebrauchshunde

Koppelgebrauchshunde haben die Aufgabe, Schafe oder andere Nutztiere einzusammeln und an bestimmte Orte zu bringen, einzelne Tiere herauszusortieren, sie ein- oder auszupferchen oder sie zum Schäfer hin- oder vom Schäfer wegzutreiben. In Deutschland werden Australian Shepherds hauptsächlich als Koppelgebrauchshunde ausgebildet, da dies der bei unserer heutigen Form der Landwirtschaft am häufigsten gebrauchten Arbeitsweise entspricht.

Für Koppelgebrauchshunde werden Wettbewerbe (Trials) veranstaltet, auf denen die Hunde sich für verschiedene Titel qualifizieren können. Mehr dazu im Kapitel über das Hüten mit Aussies.

Eine junge Red Merle Hündin und ihre Besitzerin bereiten sich im Pferch mit den Schafen auf das Hütetraining vor.

Herdengebrauchshunde

Herdengebrauchshunde werden vor allem in der Wanderschäferei eingesetzt, die in Deutschland eine lange Tradition hat, die es aber mittlerweile hierzulande kaum noch gibt. Die Aufgabe der Hunde ist es, während der Schäfer vorneweg geht, die Herde seitlich abzugrenzen und zusammenzuhalten und unterwegs beispielsweise daran zu hindern, auf die Straße oder in Hofeinfahrten zu laufen.

Zwischen oder hinter den Schafen haben diese Hunde nichts zu suchen. Typisch für die Arbeit von Herdengebrauchshunden ist das »Furche gehen« oder »Wehren«.

Furche gehen bedeutet, dass der Hund auf einer Linie, die der Schäfer ihm anzeigt, eine Art beweglichen Zaun darstellt und die Schafe daran hindert, beispielsweise ins benachbarte Kornfeld oder auf die Straße zu laufen. Beim Wehren wird der Hund durch den Schäfer zum Beispiel an einer möglichen

Gefahrenquelle wie einem Teich oder einer Baugrube aufgestellt und hindert die Schafe daran, dort hineinzulaufen und sich zu verletzen. Fertig ausgebildete Herdengebrauchshunde arbeiten selbstständig, sie sollen Hindernisse von sich aus erkennen und die Schafe gefahrlos daran vorbeilenken, aber sie kooperieren auch sehr eng mit dem Schäfer, der die Herde lenkt und den Hunden durch verschiedene Signale die nächste Tätigkeit anzeigt.

Treibhunde

Treibhunde werden vor allem für Rinder verwendet, in Europa beispielsweise bei der freien Weidehaltung in den Alpen. Sie gehen gemeinsam mit dem Kuhtreiber hinter den Kühen her und halten sie zusammen. Ihre Aufgabe ist es, Kühe oder andere Tiere aus dem Stall auf die Weide (oder umgekehrt) oder zum Markt zu treiben. Treibhunde sind oft recht bellfreudig und haben eine härtere Arbeitsweise als Hunde, die für die Arbeit an Schafen gezüchtet wurden, da Kühe sich nicht so leicht bewegen und lenken lassen.

Herdenschutzhunde

Herdenschutzhunde bewachen die Herde. Ihre Aufgabe ist nicht das Hüten oder Treiben, sondern sie haben einzig und allein die Funktion des Schutzes. Die einfachste Methode, diese Hunde auszubilden, ist, sie mit der Herde aufwachsen zu lassen, sodass sie die Nutztiere als ihre Sozialpartner ansehen. Sie werden sie dann ohne besondere Ausbildung beschützen. Herdenschutzhunde sind in der Regel große, eindrucksvolle Hunde, oft haben sie dichtes, zottiges Fell.

Obwohl der Allrounder Australian Shepherd neben seinen vielfältigen Aufgaben als Hütehund auch immer die ihm anvertrauten Tiere beschützen sollte, zählt man ihn nicht zu den Herdenschutzhunden.

Die Top-3-Fragen rund um den Australian Shepherd

Muss der Aussie als Hütehund arbeiten, um glücklich zu sein?

Nein, der Australian Shepherd muss nicht unbedingt hüten, um glücklich zu sein. Man sollte ihm aber interessante Beschäftigungen bieten. Hierbei steht nicht die körperliche, sondern die geistige Auslastung im Vordergrund. Gerade für sehr aktive Hunde eignen sich ruhige Beschäftigungen, bei denen die geistigen Fähigkeiten, Konzentration und Selbstbeherrschung gefördert werden. Anregungen zu diesem Thema finden Sie ab Seite 82.

Ist der Australian Shepherd ein idealer Familienhund?

Oft wird er als solcher angepriesen, aber der Aussie eignet sich nur bedingt als Familienhund, da er sehr anspruchsvoll ist. Nur wenn Sie trotz des Familientrubels viel Zeit für Erziehung und Auslastung des Hundes haben, mit den Wach-, Schutz- und Hüteeigenschaften des Aussies umgehen und auch Ihre Kinder entsprechend anleiten können, dann passt ein Australian Shepherd in Ihre Familie. Mehr dazu lesen Sie ab Seite 108.

Stimmt es, dass der Aussie ein »Border Collie in der Light-Version« ist?

Das ist er sicher nicht. Australian Shepherds sind zwar keine »Hütefanatiker« wie so mancher Border Collie, aber dafür stellen sie ihre Besitzer auf anderen Gebieten vor Herausforderungen – zum Beispiel in puncto Territorialverhalten. Ab Seite 80 lesen Sie, was dieser so leicht dahergesagte Begriff alles beinhalten kann.

Das äußere Erscheinungsbild

Standard

Wie bereits eingangs beschrieben, gibt es verschiedene Variationen des Rassestandards für Australian Shepherds. Die erste Version wurde 1977 vom ASCA beschlossen, der AKC folgte im Jahr 1993 mit einem leicht veränderten Standard. In Europa folgte dann mit der Rasseanerkennung 1996 der FCI-Standard, der im Jahr 2007 mit der endgültigen Anerkennung und 2009 erneut noch einmal leicht überarbeitet wurde. Amerika zählt nicht zu den Mitgliedsländern der FCI.

In Deutschland erfolgt die Zucht entweder nach dem FCI-Standard: Dies betrifft alle Züchter, die einem Verein angehören, der dem VDH angeschlossen ist und deren Welpen VDH-Papiere erhalten. Oder die Zucht richtet sich nach dem ASCA-Standard: Hierunter fallen alle Züchter, deren Hunde ihre Papiere direkt vom ASCA aus Amerika erhalten, oft – aber nicht immer – sind diese Züchter dem Australian Shepherd Club Deutschland (ASCD) angeschlossen.

ASCA-Standard
(1977 festgelegt)

Allgemeines Erscheinungsbild

Der Australian Shepherd ist ein gut ausbalancierter Hund von mittlerer Größe und Knochenstärke. Er ist aufmerksam und lebhaft, zeigt Stärke und Ausdauer, kombiniert mit einer außergewöhnlichen Beweglichkeit. Er ist etwas länger als hoch und hat ein Fell von mittlerer Länge und Härte, bei dem die Färbungen eine große Variationsbreite und Individualität bei jedem Hund ermöglichen. Eine identifizierende Charakteristik ist seine natürliche oder kupierte Stummelrute. (Durch das seit dem 1. Juni 1998 in Deutschland bestehende Kupierverbot sieht man Aussies in Deutschland mit allen natürlich vorkommenden Rutenlängen. In Deutschland besteht zudem ein Ausstellungsverbot für kupierte Hunde, Anm. der Autorin.)

Die Geschlechtsunterschiede zwischen Rüden und Hündinnen sind deutlich erkennbar.

Charakter

Der Australian Shepherd ist intelligent, in erster Linie ein Arbeitshund mit starkem Hüte- und Schutztrieb. Er ist ein außergewöhnlicher Begleiter. Er ist vielseitig und leicht zu trainieren und erfüllt die ihm gestellten Aufgaben mit großem Stil und Enthusiasmus. Er ist Fremden gegenüber reserviert, zeigt jedoch keine Scheu. Trotz seiner aggressiven und durchsetzungkräftigen Arbeitsweise ist Bösartigkeit gegenüber Menschen und Tieren nicht tolerabel.

Kopf

Wohlgeformt, kräftig, trocken und in Proportion zum Körper. Der Oberkopf ist flach bis leicht gewölbt, seine Länge und Breite sind gleich der Länge der Schnauze, die ausgeglichen und proportioniert zum Rest des Kopfes ist. Die Schnauze verjüngt sich leicht zu einer gerundeten Nasenspitze. Der Stopp ist mittelmäßig ausgeprägt, aber deutlich erkennbar.

Zähne

Ein komplettes Scherengebiss mit kräftigen, weißen Zähnen. Ein Zangengebiss ist ein Fehler. Abgebrochene Zähne oder Zähne, die aufgrund eines Unfalls fehlen, werden nicht als Fehler angesehen. Disqualifizierende Fehler sind: Vorbiss, Rückbiss.

Augen

Sehr ausdrucksstark, zeigen Aufmerksamkeit und Intelligenz. Klar, mandelförmig und von mittlerer Größe, ein wenig schräg angesetzt, weder vorstehend noch eingefallen, mit dunklen Pupillen, die scharf abgegrenzt und perfekt positioniert sind. Die Farben sind: Braun, Blau, Bernsteinfarben oder jede Variation oder Kombination einschließlich Flecken und Marmorierung.

Ohren

Hoch angesetzt an den Seiten des Kopfes, dreieckig und leicht gerundet an der Spitze, von mittlerer Größe. Wenn die Spitze des Ohres, zum inneren Augenwinkel geführt, mit diesem abschließt, ist die Ohrenlänge korrekt. Bei voller Aufmerksamkeit fallen die Ohren nach vorne und richten sich zu einem Viertel (1/4) bis zur Hälfte (1/2) ihrer Länge über der Basis auf. Stehohren und Hängeohren sind schwere Fehler.

Nacken und Körper

Der Hals ist fest, klar, steht in Proportion zum Körper. Er ist von mittlerer Länge, mit leicht gewölbter Nackenlinie und in den Schultern gut platziert. Der Körper ist fest und muskulös. Die Rückenlinie erscheint waagerecht bei einer natürlichen rechtwinkligen Haltung. Die Brust ist tief und fest mit wohlgeformten Rippen. Die Lende ist von oben gesehen stark und breit. Die Unterlinie steigt mäßig von vorne nach hinten an. Die Kruppe ist mäßig abfallend.

Der Idealwinkel liegt bei 30 Grad von der Horizontalen. Die Rute ist gerade, nicht länger als zehn cm (4 Inches), eine natürliche Stummelrute oder kupiert. (Siehe dazu die Anmerkungen zum Kupierverbot in Deutschland.)

Vorhand

Die Schulterblätter (Scapula) sind lang, flach, eng angesetzt am Widerrist, im natürlichen Stand etwa zwei Fingerbreit auseinander, gut nach hinten gestellt bei einem annähernden Winkel von fünfundvierzig (45) Grad zum Boden. Der Oberarm (Humerus) ist in einem annähernd rechten Winkel zur Schulterlinie mit den gerade zum Untergrund stehenden Vorderbeinen verbunden. Die Entfernung vom Ellbogengelenk zum Widerrist ist die gleiche wie zum Boden. Die Beine sind gerade und kraftvoll. Die Fesseln sind kurz, dick und stark, aber dennoch flexibel, und zeigen von der Seite betrachtet einen leichten Winkel. Die Pfoten sind oval geformt, kompakt, mit eng verbundenen, gut gewölbten Zehen. Die Ballen sind dick und elastisch. Die Krallen sind kurz und kräftig. Die Daumenkrallen können entfernt werden. (In Deutschland ist die Entfernung von Krallen ohne medizinische Indikation durch das Tierschutzgesetz verboten.)

Hinterhand

Die Weite der Hinterhand ist annähernd gleich der Weite der Vorderhand an den Schultern. Die Winkelung von Becken und Oberschenkel (Femur) entsprechen der Winkelung von Schulterblatt und Oberarm, wobei sie annähernd einen rechten Winkel bilden. Die Kniegelenke sind klar definiert, die Sprunggelenke mäßig gebogen. Die Hintermittelfüße (Metatarsi) sind kurz, senkrecht zum Boden und parallel zueinander, wenn man sie von hinten betrachtet. Die Pfoten sind oval geformt, kompakt, mit eng verbundenen, gut gewölbten Zehen. Die Ballen sind dick und elastisch. Die Krallen sind kurz und stark. Afterkrallen werden entfernt.

Haarkleid

Von mittlerer Beschaffenheit, glatt bis leicht gewellt, wetterresistent, von mittlerer Länge mit Unterwolle. Die Quantität der Unterwolle variiert mit dem Klima. Das Haar ist kurz und glatt am Kopf, an der Außenseite der Ohren, der Vorderseite der Vorderbeine und unterhalb der Sprunggelenke. Die Rückseite der Vorderbeine ist mäßig befedert; die »Hosen« sind mittelvoll. Mähne und Kragen sind mäßig, bei Rüden ausgeprägter als bei Hündinnen. Untypische Fellbeschaffenheit ist ein schwerer Fehler.

Farben

Alle Farben sind kräftig, klar und satt. Die anerkannten Farben sind Blue Merle, Red (liver) Merle, einfarbig Schwarz oder einfarbig Rot (liver), alle mit oder ohne weiße und /oder kupferfarbene Abzeichen (copper), ohne Vorzug der Reihenfolge. Die Blue Merle und schwarzen Hunde haben schwarz pigmentierte Nasen, Lippen und Augenumrandungen. Die Red Merle und roten Hunde haben leberfarbene Nasen, Lippen und Augenumrandungen. Teilweise unpigmentierte Nasen (Butterfly Nose) sind bei Hunden unter einem Jahr nicht als Fehler zu werten. Bei allen Farben sind die Bereiche um die Augen und Ohren überwiegend von anderen Farben als Weiß beherrscht. Der Haaransatz eines weißen Kragens darf nicht hinter dem Widerrist liegen.

Disqualifizierende Fehler: Andere als die anerkannten Farben. Weiße Flecken am Körper. Vollständig unpigmentierte Nasen (Dudley Nose).

Gang

Weich, frei und leicht. Zeigt Behändigkeit in der Bewegung mit einem gut ausbalancierten, raumgreifenden Schritt. Vorder- und Hinterbeine bewegen sich gerade und parallel zur Mittellinie des

Körpers; bei steigender Geschwindigkeit nähern sich die Vorder- und Hinterpfoten der Schwerpunktlinie des Hundes, während die Rückenlinie des Hundes fest und waagerecht bleibt.

Größe

Bevorzugte Höhe am Widerrist ist für Rüden 51-58 cm (20-23 Inches), für Hündinnen 46-53 cm (18-21 Inches), jedoch sollte Qualität nie der Größe geopfert werden.

So unterschiedlich sie auch sind, es sind beides Australian Shepherds. Oben ein Red Merle Rüde vom Show-Typ, unten ein Red Bi Rüde vom Arbeits-Typ. Mehr zu den Unterschieden zwischen Show- und Arbeitstyp lesen Sie ab S. 114.

FCI-Standard Nr. 342
(Fassung vom 16.06.2010)

Allgemeines Erscheinungsbild

Der Australian Shepherd ist gut proportioniert, etwas länger als hoch und von mittlerer Größe und Knochenstärke. Die Farben seines Haarkleides haben ein große individuelle Variationsbreite. Er ist aufmerksam und lebhaft, geschmeidig und beweglich, kräftig und gut bemuskelt, jedoch ohne jede Schwere. Sein Haar ist mittellang und mäßig grob. Er hat entweder eine kupierte oder eine natürliche Stummelrute. (Durch das seit dem 1. Juni 1998 in Deutschland bestehende Kupierverbot sieht man Aussies in Deutschland mit allen natürlich vorkommenden Rutenlängen. In Deutschland besteht zudem ein Ausstellungsverbot für kupierte Hunde, Anm. der Autorin.)

Wichtige Maßverhältnisse

Die Länge des Rumpfes (von der Brustbeinspitze zum Sitzbeinhöcker gemessen) ist etwas größer als die Widerristhöhe. Der Australian Shepherd ist etwas länger als hoch.

Körperbau

Robust, Knochenstärke mäßig.

Der Körperbau des Rüden ist geschlechtstypisch kräftig, ohne jedoch derb zu wirken. Die Hündin ist sehr weiblich in ihrem Aussehen, jedoch ohne jegliche Schwäche in ihrem Knochenbau.

Verhalten/Charakter (Wesen)

Der Australian Shepherd ist ein intelligenter Arbeitshund mit ausgesprochenem Hüte- und Bewachungsinstinkt. Er ist ein pflichtgetreuer Gefährte und fähig, mit Ausdauer den ganzen Tag zu arbeiten. Er ist charakterlich ausgeglichen, gutmütig, selten streitsüchtig. Beim ersten Kontakt mag er etwas reserviert sein.

Kopf

Mit sauberen Umrisslinien, kräftig und trocken steht der Kopf in einem guten Größenverhältnis zum Körper.

Oberkopf

Schädel

Das Schädeldach ist flach bis leicht gewölbt. Der Hinterhauptstachel kann etwas sichtbar sein. Die Schädellänge entspricht der Schädelbreite.

Stop

Der Stop ist mäßig ausgeprägt.

Gesichtsschädel

Nasenschwamm

Bei Bluemerle und bei Hunden mit schwarzem Haarkleid sind der Nasenschwamm und die Lippen schwarz pigmentiert, bei Redmerle und Hunden mit rotem Haarkleid leberfarben (braun). Bei den merlefarbenen Hunden sind kleine rosa Flecken zulässig. Diese sollten jedoch bei Hunden, die älter als einjährig sind, nicht mehr als 25 Prozent der Fläche des Nasenschwammes einnehmen, sonst ist es ein schwerer Fehler.

Fang

Er ist gleich lang oder etwas kürzer als der Schädel. Von der Seite gesehen verlaufen die Begrenzungslinien von Schädel und Fang parallel. Der Stop ist mäßig ausgebildet, aber deutlich umrissen. Der Fang verjüngt sich nur wenig vom Ansatz bis zum Nasenschwamm und ist am Ende abgerundet.

Zähne

Komplettes Scherengebiss mit kräftigen weißen Zähnen, Zangengebiss wird toleriert.

Augen

Sie sind braun, blau, bernsteinfarben oder ihre Farbe ist eine Kombination oder Variation dieser Farben, auch gefleckt oder marmoriert. Mandelförmig, weder vorstehend noch eingesunken.

Die Bluemerle und die Hunde mit schwarzem Haarkleid weisen eine schwarze Augenumrandung auf, die Redmerle und die Hunde mit rotem Haarkleid zeigen eine leberfarbene (braune) Pigmentierung. Ausdruck: aufmerksam und intelligent, wachsam und lebhaft. Der Blick ist durchdringend, aber freundlich.

Ohren
Dreieckig, von mäßiger Größe und Dicke, hoch am Kopf angesetzt. Bei voller Aufmerksamkeit kippen die Ohren nach vorne oder nach der Seite wie ein Rosenohr. Stehohren und Hängeohren sind schwere Fehler.

Hals
Kräftig, von mäßiger Länge, Oberlinie leicht gewölbt. Der Hals geht harmonisch in die Schulterpartie über.

Körper

Oberlinie
Der Rücken ist gerade und käftig, fest und verläuft horizontal vom Widerrist bis zu den Hüften.

Kruppe
Mäßig abfallend.

Brust
Nicht breit, dafür aber tief: Sie reicht an ihrem tiefsten Punkt bis zur Höhe der Ellenbogen.

Rippen
Lang und gut gewölbt; der Brustkorb ist weder tonnenförmig noch flach.

Untere Profillinie und Bauch
Mäßig aufgezogen.

Rute
In Deutschland: Gerade, naturbelassene Länge oder mit natürlicher Stummelrute. Sofern kupiert (nur in Ländern, die kein Rutenkupierverbot erlassen haben) oder mit natürlicher Stummelrute nicht länger als zehn Zentimeter.

Gliedmaßen Vorderhand

Schultern
Schulterblätter lang, flach und gut schräg gelagert; Schulterblattkuppen am Widerrist ziemlich nahe beieinanderliegend.

Oberarm
Sollte ungefähr gleich lang sein wie das Schulterblatt, er steht ungefähr in einem rechten Winkel zum Schulterblatt, mit geraden und senkrecht zum Boden stehenden Vorderläufen.

Läufe
Gerade und kräftig, Knochen stark und eher von ovalem als von rundem Querschnitt.

Vordermittelfuß
Von mittlerer Länge, sehr leicht schräg, Daumenkrallen können entfernt werden. (In Deutschland ist die Entfernung von Krallen ohne medizinische Indikation durch das Tierschutzgesetz verboten.)

Vorderpfoten
Oval, kompakt, mit eng aneinanderliegenden, gut gewölbten Zehen. Ballen dick und elastisch.

Hinterhand
Die Breite der Hinterhand ist ungefähr gleich wie die der Vorderhand auf Schulterhöhe. Die Winkelung des Beckens zum Oberschenkel stimmt mit der Winkelung des Schulterblattes zum Oberarm überein und entspricht ungefähr einem rechten Winkel.

Kniegelenk
Ausgeprägt.

Sprunggelenk
Mäßig gewinkelt.

Hintermittelfuß
Kurz, von hinten gesehen senkrecht und parallel gestellt. Afterkrallen müssen entfernt sein.

Hinterpfoten
Oval, kompakt, mit eng anein-

anderliegenden, gut gewölbten Zehen. Ballen dick und elastisch.

Gangwerk

Die Gangart des Australian Shepherd ist geschmeidig, leicht und frei. Er ist sehr behände, mit einem harmonischen, raumgreifenden Bewegungsablauf. Vorder- und Hinterläufe bewegen sich gerade und parallel zur mittleren Achse des Körpers. Bei zunehmender Geschwindigkeit nähern sich Vorder- und Hinterpfoten der mittleren Schwerpunktlinie des Körpers, während der Rücken fest und gerade bleibt. Der Australian Shepherd muss flink und fähig sein, augenblicklich einen Richtungswechsel vorzunehmen oder eine andere Gangart einzuschlagen.

Haarkleid

Haar

Von mittlerer Textur, gerade bis gewellt, wetterbeständig und von mittlerer Länge. Die Dichte der Unterwolle ändert sich den klimatischen Bedingungen entsprechend. Das Haar ist kurz und glatt am Kopf, an den Ohren, an der Vorderseite der Vorderläufe und unterhalb der Sprunggelenke. Die Hinterseiten der Vorderläufe und die »Hosen" sind mäßig befedert. Mähne und Halskrause sind mäßig ausgebildet, bei den Rüden mehr

als bei den Hündinnen. Ein atypisch beschaffenes Haarkleid ist ein schwerer Fehler.

Farbe des Haares

Bluemerle, Schwarz, Redmerle, Rot, alle mit oder ohne weiße Abzeichen und/oder kupferfarbene »Brand"-Abzeichen; keine Farbe soll der anderen vorgezogen werden. Die Haarlinie des weißen Kragens darf nicht weiter als bis zum Widerrist reichen. Weiß ist zulässig am Hals (ganzer oder unvollständiger Kragen), an der Brust, an den Läufen, an der Unterseite des Fangs, Blesse am Kopf und weiße Unterseite des Körpers, welche, von einer horizontalen Linie in Ellenbogenhöhe an gemessen, sich bis zu einer Länge von zehn Zentimetern (vier Inches) ausdehnen darf. Weiß am Kopf soll nicht vorherrschen, und die Augen sollen vollständig von Farbe und Pigment umgeben sein. Es ist charakteristisch, dass bluemerle- und redmerlefarbene Hunde mit zunehmendem Alter dunkler werden.

Größe

Die bevorzugte Widerristhöhe ist 51-58 cm (20-23 Inches) für Rüden und 46-53 cm (18-21 Inches) für Hündinnen. Bei der Beurteilung der Größe ist die Qualität des Hundes wichtiger als eine leichte Abweichung von der Idealgröße.

Fehler

Jede Abweichung von den vorstehenden Punkten muss als Fehler angesehen werden, dessen Bewertung in genauem Verhältnis zum Grad der Abweichung stehen sollte und dessen Einfluss auf die Gesundheit und das Wohlbefinden des Hundes und seine Fähigkeit, die verlangte rassetypische Arbeit zu erbringen, zu beachten ist. Schwere Fehler:
- Stehohren oder Hängeohren
- Untypisches Haar.

Ausschließende Fehler

- Aggressiv oder ängstlich.
- Vorbiss. Rückbiss mit mehr als 1/8 inch (2,5mm). Kontaktverlust durch kurze zentrale Schneidezähne bei sonst korrektem Gebiss soll nicht als Vorbiss beurteilt werden; durch Unfall abgebrochene oder fehlende Zähne dürfen nicht bestraft werden.
- Weiße Flecken am Körper, das heißt zwischen Widerrist und Rute und seitlich zwischen Ellenbogen und Hinterseite der Hinterläufe; dies ist gültig für alle Farben.
- Hunde, die deutlich physische Abnormitäten oder Verhaltensstörungen aufweisen, müssen disqualifiziert werden.

Bereit für den großen Auftritt: Black Tri Rüde auf einer Australian Shepherd Spezialzuchtschau.

- Rüden sollen zwei normal entwickelte Hoden aufweisen, welche sich vollständig im Hodensack befinden.

Farben

Die Färbung und die Zeichnung eines jeden Aussies macht ihn schon im Welpenalter unverwechselbar. Die Farbvielfalt und die Variabilität der Fellzeichnungen sind sehr groß, und jede Färbung hat ihren eigenen Charme. Im Folgenden werden die anerkannten Farben vorgestellt. Da die Merle-Färbung eine Besonderheit darstellt, erfährt sie etwas mehr Beachtung als die anderen Farben, was nicht bedeuten soll, dass diese Färbung häufiger auftaucht als die anderen oder bevorzugt behandelt wird.

Solid Black – einfarbig schwarz, ohne Abzeichen.

Black Bi – schwarz mit weißen oder kupferfarbenen Abzeichen. Weiße oder kupferfarbene Abzeichen sind erlaubt an Pfoten und Läufen, Brust und Hals sowie unter dem Bauch und als weiße Blesse, die sich um die Schnauze herum ausdehnt. Weiße Flecken am Körper sind nicht erwünscht, und die Bereiche um die Augen und Ohren herum sollen farbig sein.

Black Tri – schwarz mit weißen und kupferfarbenen Abzeichen. Kupferfarbene Abzeichen variieren im Farbton von Kupferrot bis Cremefarben. Sie sind an den Augenbrauen, an den Seiten der Schnauze, an den Läufen und unter der Rute erlaubt.

Solid Red – einfarbig rot (rotbraun, leberfarben), ohne Abzeichen.

Red Bi – rot mit weißen oder kupferfarbenen Abzeichen.

Red Tri – rot mit weißen und kupferfarbenen Abzeichen.

Blue Merle – ein in der Grundfarbe schwarzer Australian Shepherd, bei dem unregelmäßig einzelne schwarze Haare mit weißen oder silberfarbenen gemischt sind. Je nachdem, wie hell oder dunkel die Färbung ist, kann die Merle-Sprenkelung einen kleinen oder größeren Bereich betreffen. Blue Merle kann mit oder ohne weiße und kupferfarbene Abzeichen vorkommen.

Red Merle – ein in der Grundfarbe roter Australian Shepherd, bei dem unregelmäßig einzelne schwarze Haare mit weißen oder cremefarbenen gemischt sind. Je nachdem, wie hell oder dunkel die Färbung ist, kann die Merle-Sprenkelung einen kleinen oder größeren Bereich betreffen. Red Merle kann mit oder ohne weiße und kupferfarbene Abzeichen vorkommen.

Schwarze und Blue Merle Hunde sollten ein vollständig schwarzes Nasenpigment haben. Rote und Red Merle Hunde sollten ein vollständig leberfarbenes Nasenpigment haben. Bei Hunden unter einem Jahr sind helle Flecken auf dem Nasenschwamm kein Fehler. Mit zunehmendem Alter werden die Farben des Aussies insgesamt meist dunkler.

Er hat noch sein ganzes Leben vor sich: ein Welpe in der Farbe Red Tri.

Ein aufgeweckter Rüde in der Farbe Blue Merle. Blaue Augen kommen bei merlefarbenen Hunden besonders häufig vor.

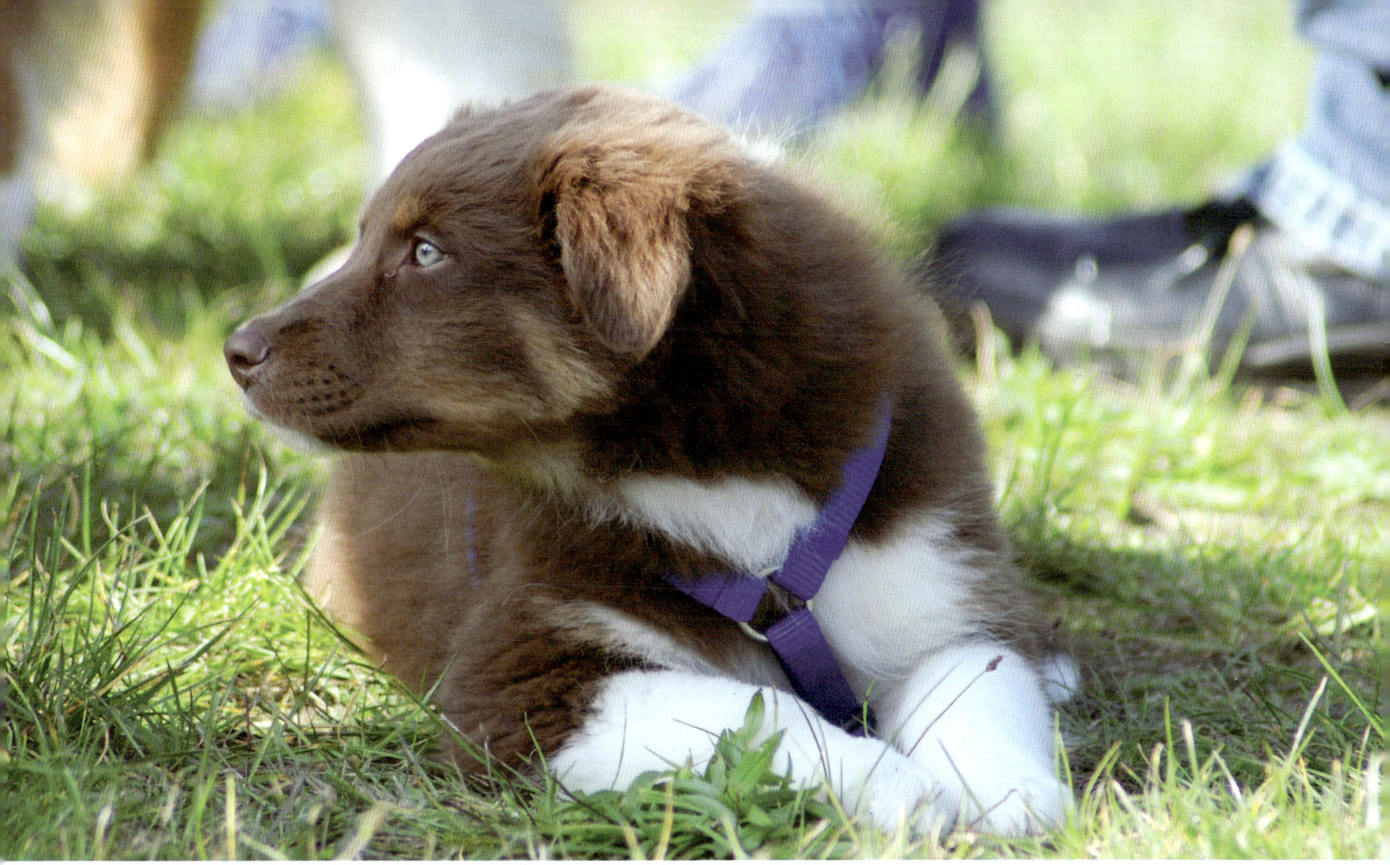

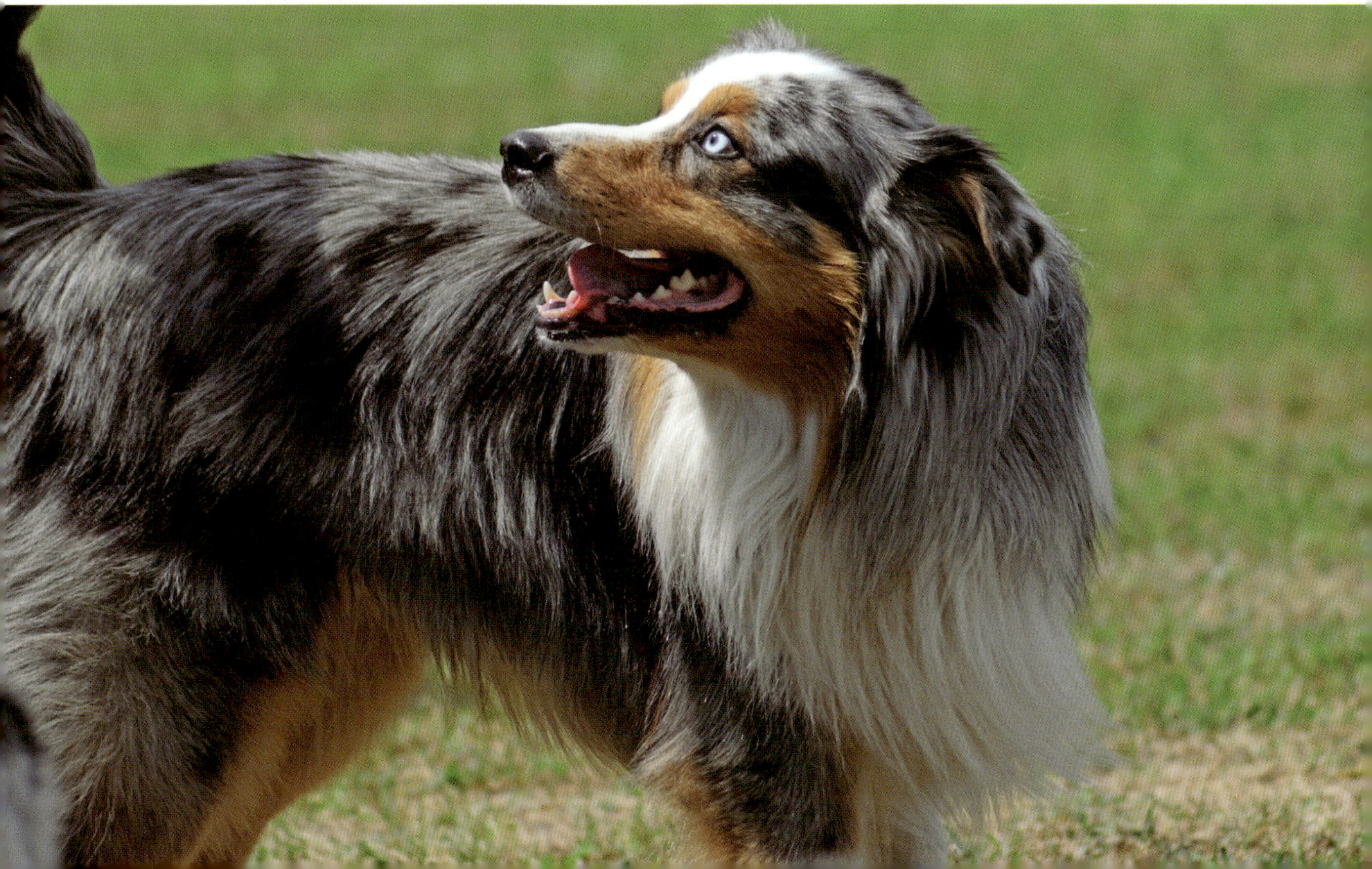

Die Merle-Färbung sieht attraktiv aus und ist bei Welpenkäufern sehr begehrt. Doch dürfen niemals zwei merlefarbene Hunde miteinander verpaart werden. Reinerbig (homozygot) merlefarbene Welpen, die bei einer Merle-Merle-Verpaarung statistisch gesehen zu 25 Prozent vorkommen, sind fast immer von Hörschäden und/oder Augenkrankheiten betroffen, in den meisten Fällen sind sie taub und/oder blind. Es kann sogar in seltenen Fällen vorkommen, dass die Augen ganz fehlen. Hunde, die nicht reinerbig merle sind, also nur

die Merle-Gene eines Elternteils geerbt haben, weisen keine solchen Defekte auf. Es ist also sehr einfach, das Auftreten der Defekte zu verhindern, indem man niemals zwei merlefarbene Hunde miteinander verpaart.

Man erkennt die von dem Defekt betroffenen Welpen in einem Merle-Merle-Wurf durch auffallend viel Weiß in der Fellfarbe, wobei besonders fehlendes Pigment an den Ohren und rund um die Augen herum Hinweise auf Taubheit und Blindheit liefern. Die Taubheit wird hier durch den Pigmentverlust

im Innenohr hervorgerufen. Daher ist die Pigmentierung des Kopfes in allen anerkannten Rassestandards geregelt, um taube und blinde Hunde von der Zucht auszuschließen: »Die Bluemerle und die Hunde mit schwarzem Haarkleid weisen eine schwarze Augenumrandung auf, die Redmerle und die Hunde mit rotem Haarkleid zeigen eine leberfarbene (braune) Pigmentierung.« – »Bei allen Farben sind die Bereiche um die Augen und Ohren überwiegend von anderen Farben als Weiß beherrscht. Der Haaransatz eines weißen Kragens

Dieser junge Aussie zeigt ein helles Red Merle.

darf nicht hinter dem Widerrist liegen.« (Zitate aus den Standards).

Man muss diese Hunde allerdings von denen unterscheiden, die nicht aus einer Merle-Merle-Verpaarung stammen und aus anderen Gründen zuviel Weiß in der Färbung haben. Auch das kommt vor, diese Hunde sind dann nicht von Taubheit oder Blindheit betroffen, aber sie sind ebenfalls von der Zucht ausgeschlossen.

Es gibt in seltenen Fällen homozygote Merles, die eine normale Merle-Färbung aufweisen. Häufig treten diese Hunde in Zuchtlinien auf, die sonst zu sehr dunklen Farben neigen, sodass die normale Merle-Färbung im Vergleich zu den anderen Hunden aus dieser Linie immer noch auffallend hell ist.

In Deutschland ist die Verpaarung zweier merlefarbener Hunde durch das Tierschutzgesetz verboten. Vor allem in den Notvermittlungsstellen finden sich dennoch immer wieder homozygote Merles, die aufgrund ihrer Taubheit und Blindheit schwer zu vermitteln sind. Gründe für das Vorkommen dieser Hunde trotz des Verbotes gibt es mehrere: Zum einen gibt es immer wieder Leute, die »nur einmal Welpen von dem hübschen Nachbarrüden« haben wollen und sich nicht ausreichend über die möglichen Risiken informieren. Zum anderen stammen solche Hunde auch manchmal von

Die Hündin rechts auf dem Bild hat nicht die geforderte Pigmentierung am Kopf, sie stammt aber nicht aus einer Merle-Merle-Verpaarung.

Hundevermehrern, die nur auf das schnelle Geld aus sind. Oder aber ein guter und verantwortungsbewusster Züchter hat einfach nicht gewusst, dass der vermeintliche Black Tri-Rüde in Wahrheit ein sogenannter Phantom-Merle war. So nennt man merlefarbene Hunde, deren Färbung so dunkel ist, dass man keine Merle-Flecken erkennen kann. Manchmal haben sie nur einen einzigen Fleck an einer versteckten Stelle. Allerdings gibt es mittlerweile einen Gentest, über den man im Zweifelsfall eindeutig feststellen kann, ob ein Hund Merlegene trägt.

In Nordamerika wurde die Merle-Merle-Verpaarung trotz des Vorkommens des Gendefekts bei homozygoten Merles jahrzehntelang praktiziert. Die weißen Welpen wurden kurz nach der Geburt getötet. In den USA wird diese Art der Zucht bisher nicht gesetzlich reglementiert, aber es wird an die Vernunft der Züchter appelliert und davor gewarnt, merlefarbene Hunde zu verpaaren.

In Deutschland ist das Töten neugeborener Welpen, die abgesehen von ihrer Taubheit und/oder Blindheit keine Defekte haben und lebensfähig wären, selbstverständlich ebenfalls durch das Tierschutzgesetz verboten.

Ein schön gezeichnetes, dunkles Blue Merle.

Red Merle Rüde Cujo freut sich über den Schnee.

Rutenlänge

Aussies werden mit verschiedenen Rutenlängen und -formen geboren. Da im Heimatland USA und in anderen Ländern, in denen kein Kupierverbot besteht, die Rute in den ersten Lebenstagen der Welpen bis auf einen Stummel kupiert wird, war es in der Vergangenheit nicht wichtig, welche Form oder Länge die Rute hat. Auch im ASCA-Standard ist dies nicht festgelegt, da hier noch davon ausgegangen wird, dass die Rute – wie im Ursprungsland üblich – kupiert wird. Es gibt daher beispielsweise Aussies mit einer spitzähnlichen Ringel-

rute. Manche haben eine normal lange Rute, und bei anderen ist sie von Geburt an auf verschiedene Längen – ganz kurz, halb- oder dreiviertellang – verkürzt. Hunde mit von Geburt an verkürzter Rute werden als »nbt« (natural bobtail = angeborene Stummelrute) bezeichnet, wobei die Länge der Rute für die Bezeichnung keine Rolle spielt: Alle Rutenlängen, die kürzer als normal sind, gelten als nbt.

Die angeborene verkürzte Rute ist im Grunde eine Verkürzung der Wirbelsäule, da die Rute die Verlängerung der Wirbelsäule darstellt. Es hat sich gezeigt, dass aus

Dieser Rüde ist nicht kupiert, er wurde mit einer sehr kurzen Stummelrute geboren.

Die kleine Hündin Hummel hat eine zur Hälfte verkürzte nbt-Rute. Aussies werden mit den unterschiedlichsten Rutenlängen geboren.

der Kreuzung zweier nbt-Aussies manchmal Welpen mit deformierten Wirbelsäulen hervorgehen. Ein Zusammenhang ist nicht erwiesen, wird aber vermutet. Daher ist die Verpaarung zweier Hunde mit angeborener Stummelrute bei uns verboten.

In Deutschland herrscht Ausstellungsverbot für kupierte Hunde, aus diesem Grund sind viele der aus dem Ausland importierten und dort standardgemäß in den ersten Lebenstagen kupierten Australian Shepherds von den deutschen Rassehundeausstellungen ausgeschlossen.

Ohrformen

Die Ohren sollen laut Standard hoch angesetzt und dreieckig sein. Sie sollen bei voller Aufmerksamkeit des Hundes nach vorne oder zur Seite kippen. An den Kopfseiten tief angesetzte Schlappohren

sind untypisch. Sie werden als Fehler gewertet und können zum Zuchtausschluss führen. Bei Australian Shepherds sieht man eine solche jagdhundtypische Ohrform aber sehr selten.

Häufiger kommt es dagegen vor, dass Aussies Stehohren oder ein Steh- und ein Kippohr haben. Auch dies ist ein Fehler, der in den meisten Vereinen zum Zuchtausschluss führt, außerhalb des VDH aber oft nicht so gravierend beurteilt wird. Um eine schlechte Bewertung zu vermeiden, beschweren manche Aussiebesitzer, die mit ihrem Hund Ausstellungen besuchen wollen, die Ohren ihres Welpen ein paar Wochen lang mit kleinen Gewichten, damit sie in eine ideale Form wachsen. Natürlich können die Nachkommen dieser Aussies dann auch wieder die Veranlagung zu Stehohren erben, daher wird diese Maßnahme nicht überall gern gesehen.

Ob Stehohren oder ein wenig zu große Kippohren – beides sind waschechte Aussies.

50

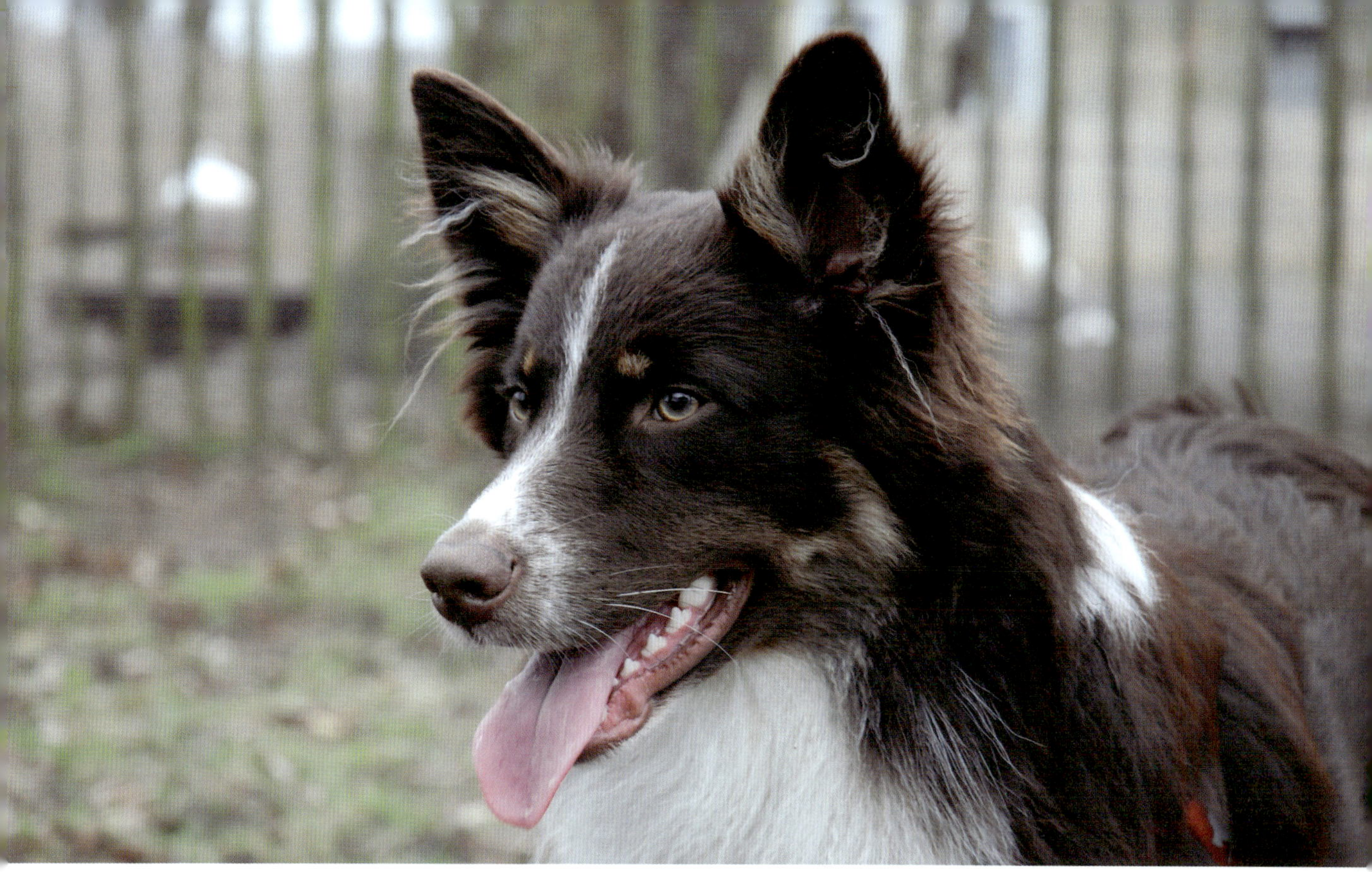

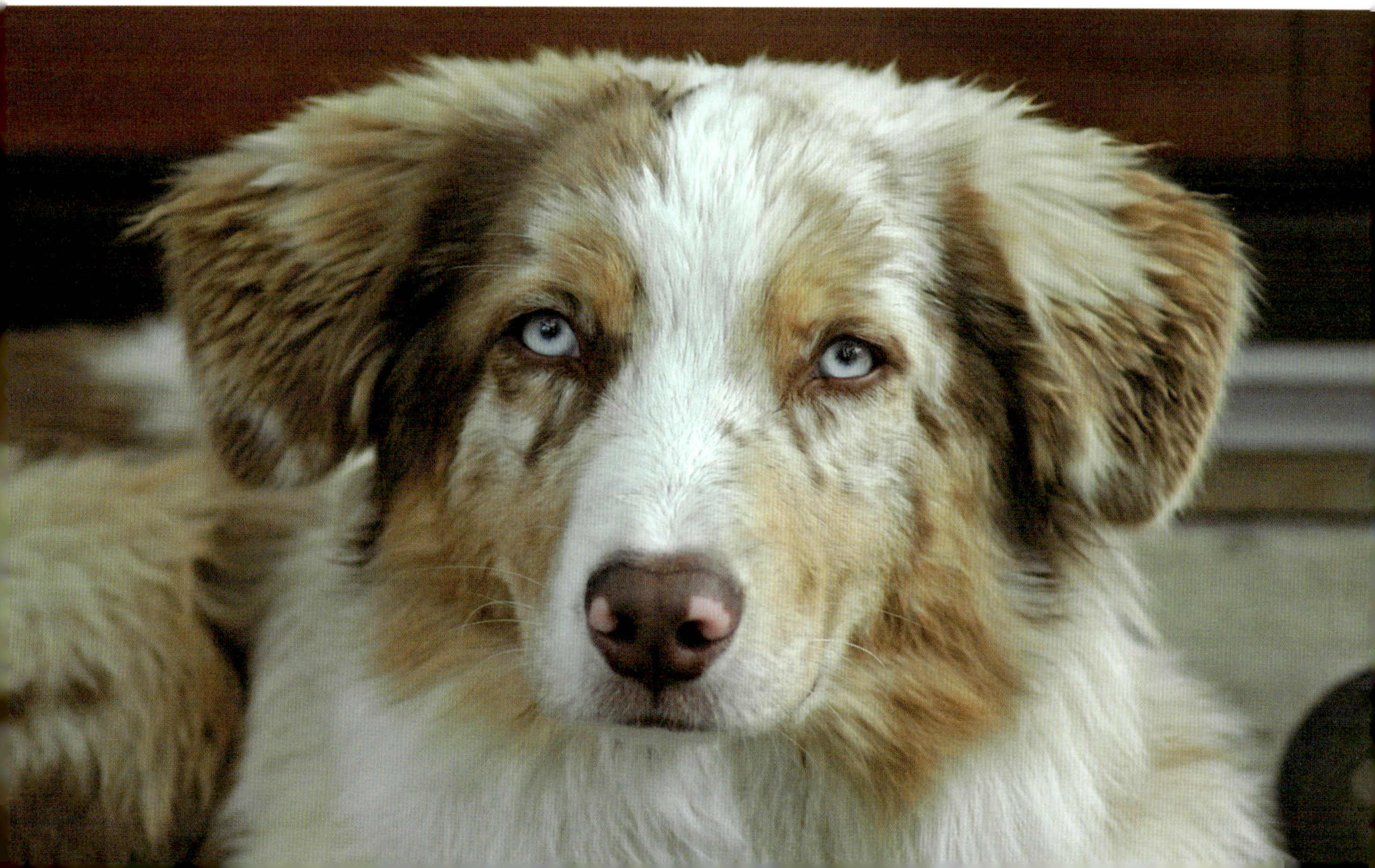

Charaktereigenschaften und Besonderheiten

Australian Shepherds variieren nicht nur äußerlich sehr stark, sondern auch ihr Charakter kann recht unterschiedlich sein. Doch eines haben sie alle gemeinsam: Sie sind anspruchsvoll.

Einen Australian Shepherd hat man nicht nebenbei, er ist kein Hund, der unauffällig irgendwie in der Familie mitläuft. Er will aktiv am Leben teilhaben, er fordert die Kreativität seiner Besitzer heraus, und er braucht eine ausgewogene Mischung aus sinnvoller Beschäftigung und Ruhezeiten.

Der Aussie hat den sogenannten »Will to please«, das heißt, er achtet sehr auf seine Bezugsperson, er ist erstaunlich lernfähig, und er möchte seinem Menschen gefallen. Wenn er gelernt hat, was sein Besitzer von ihm möchte, dann wird der Aussie immer bemüht sein, alles Gewünschte zur Zufriedenheit seines Menschen auszuführen – eventuell mit leichten Variationen versehen, die ihm selbst besser gefallen, denn schließlich ist er ein sehr intelligenter und selbstständig agierender Hund. Aussies sind sehr leicht motivierbar, da sie schon an der Arbeit an sich große Freude haben. Das Tun selbst, vor allem wenn es in den Augen des Hundes Sinn macht, ist oftmals schon genug Belohnung.

Es zeichnet Australian Shepherds aus, dass sie im Haus, wenn »nichts los« ist, sehr ruhig und unauffällig sind. Sobald sie aber gebraucht werden oder etwas Spannendes passiert, sind sie blitzschnell zur Stelle. Sie sind immer zur Arbeit bereit, aber sie können sich auch entspannen, wenn nichts zu tun ist.

Das ist wichtig, denn auch für einen Arbeitshund auf der Farm gibt es nicht jeden Tag gleich viel Beschäftigung, und ein Hund, der gerade nicht gebraucht wird, soll sich möglichst ruhig verhalten und dem Farmer nicht vor den Füßen herumtanzen. Man kann dieses angenehm ruhige Verhalten im Haus auch aktiv fördern, indem man dem Hund Auszeiten signalisiert, an denen keine Aktivität zu erwarten ist. Ein Aussie wird sich daran in der Regel schnell gewöhnen.

Australian Shepherds gehören zu den Rassen, die »grinsen« können. Nicht alle Aussies grinsen, aber man sieht es bei dieser Rasse doch sehr häufig. Das Grinsen wird ausschließlich gegenüber dem Menschen gezeigt. Der Hund zieht dabei eine oder beide Lefzen hoch, was für den Laien einem Knurren ähneln mag, dabei zeigt er aber eine durchweg freundlich-unterwürfige Körpersprache, er legt die Ohren an und wackelt mit dem ganzen Körper, und oft wird dabei auch noch lautstark gegrunzt – was ebenfalls schon so mancher überraschte Mensch als Knurren missgedeutet hat. Das Kräuseln der Nase scheint zudem bei einigen Hunden Niesreiz zu verursachen, sodass das Grinsen bei ihnen durch häufiges Niesen unterbrochen wird. Manche Aussies zeigen es nur für Sekundenbruchteile, andere sind regelrechte Dauergrinser.

Das Grinsen wird in verschiedenen Zusammenhängen gezeigt, zum Beispiel bei der Begrüßung

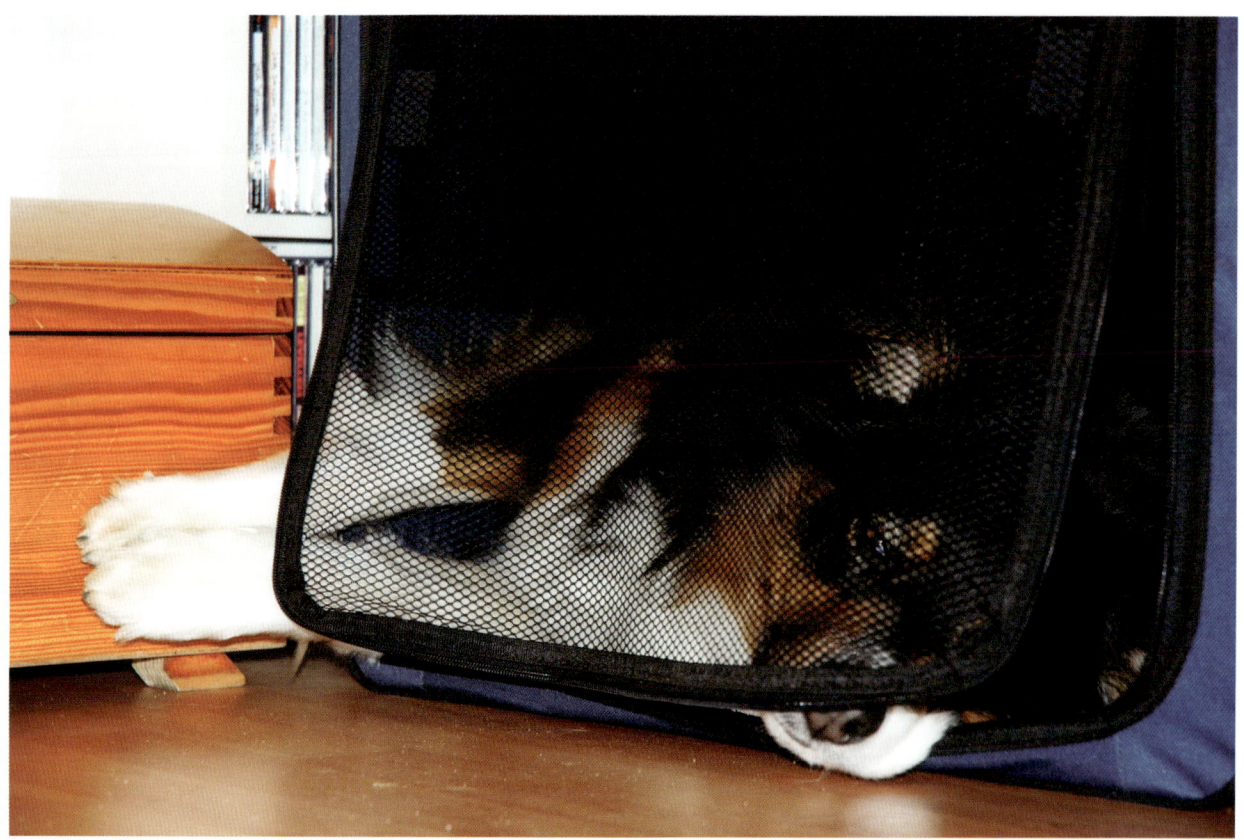

Viele Aussies lieben es, eine Box als Rückzugsort zu nutzen. Wichtig ist aber, dass der Hund seine Box gerne und freiwillig annimmt und man ihn nicht wegsperrt.

einer Bezugsperson, als Spielaufforderung oder auch als Beschwichtigungsgeste, wenn der Hund sich erschreckt hat. Die meisten Aussies drücken damit einfach spielerische Albernheit und freundliche Gestimmtheit aus.

Ihrer eigenen Familie gegenüber sind Aussies normalerweise sehr sanft und freundlich, sie sind oft sehr verschmust, und so mancher

Aussie scheint zu glauben, er wäre ein Schoßhund. Hingegen sollen Australian Shepherds Fremden gegenüber typischerweise reserviert sein, ohne Aggressionen zu zeigen. Das bedeutet, ein wesensfester Aussie soll einen Fremden, der ihn lockt, einfach ignorieren.

Doch Ausnahmen bestätigen die Regel: Es gibt durchaus Australian Shepherds, die begeistert auf jeden

Dies ist kein Knurren! Die Red Merle Hündin Avanti ist eine richtige »Dauergrinserin«.

55

Cujo im »Kampf« mit dem Rasensprenger. Wenn ein Aussie nichts zu tun hat, kann es schon mal vorkommen, dass er sich selbst eine Beschäftigung sucht.

Fremden zustürzen und Küsschen verteilen, und es gibt – und das nicht gerade selten – Aussies, die fremden Menschen mit dem größten Misstrauen begegnen und es keinesfalls dulden würden, dass ein Fremder sie berührt oder auch nur anspricht, wenn ihre menschliche Bezugsperson diesen Fremden nicht deutlich als Freund begrüßt hat.

Die ursprünglichen Aussies waren als unbestechliche Wächter und mutige Beschützer ihrer Familie und der ihnen anvertrauten Nutztiere bekannt, und diese Eigenschaften wurden erwünscht und gefördert. Territorialverhalten, Wachsamkeit und der Wunsch, die Familienmitglieder zu beschützen, gehören daher zu einem typischen Aussie dazu. Diese Wesenszüge, die auf den weitläufigen Farmen und großen Weideflächen Nordamerikas durchaus sinnvoll waren, sind aber im dichtbesiedelten Deutschland unter Umständen sehr anstrengend.

Viele Aussies sind in ihrem Verhalten erstaunlich ursprünglich und instinktsicher. Sie haben eine ausgeprägte Mimik und ein im Vergleich zu anderen Rassen sehr differenziertes Ausdrucksverhalten. Trächtige oder scheinträchtige Hündinnen graben sich oft Wurfhöhlen im Garten, und die Hunde überraschen ihre Halter durch eine geradezu unheimliche »Intuition« in den verschiedensten Situationen.

Der Australian Shepherd ist kein gewöhnlicher Hund. Wer bereit ist, liebevoll und souverän mit seinem speziellen Charakter umzugehen, seine außergewöhnliche Intelligenz und Lernbereitschaft zu würdigen und sich jeden Tag aufs Neue von seinem ganz besonderen Wesen begeistern zu lassen, und wer zudem Gefallen daran findet, einen Hund zu haben, der eigenständig agiert und mitdenkt und seinen Besitzer immer wieder vor kleine Herausforderungen stellt, der hat im Australian Shepherd vielleicht seinen Traumhund gefunden.

Wer sich einen Hund wünscht, der ohne Erziehungsmaßnahmen und ohne besondere Sozialisation und vorausschauendes Denken und Handeln des Besitzers fremde Menschen immer und jederzeit freundlich begrüßt, in jeder Situation ausgeglichen reagiert und Konflikten generell aus dem Weg geht, der kann unter Umständen auch mit einem Australian Shepherd Glück haben, er sollte ein solches Verhalten aber nicht generell von einem Hund dieser Rasse erwarten.

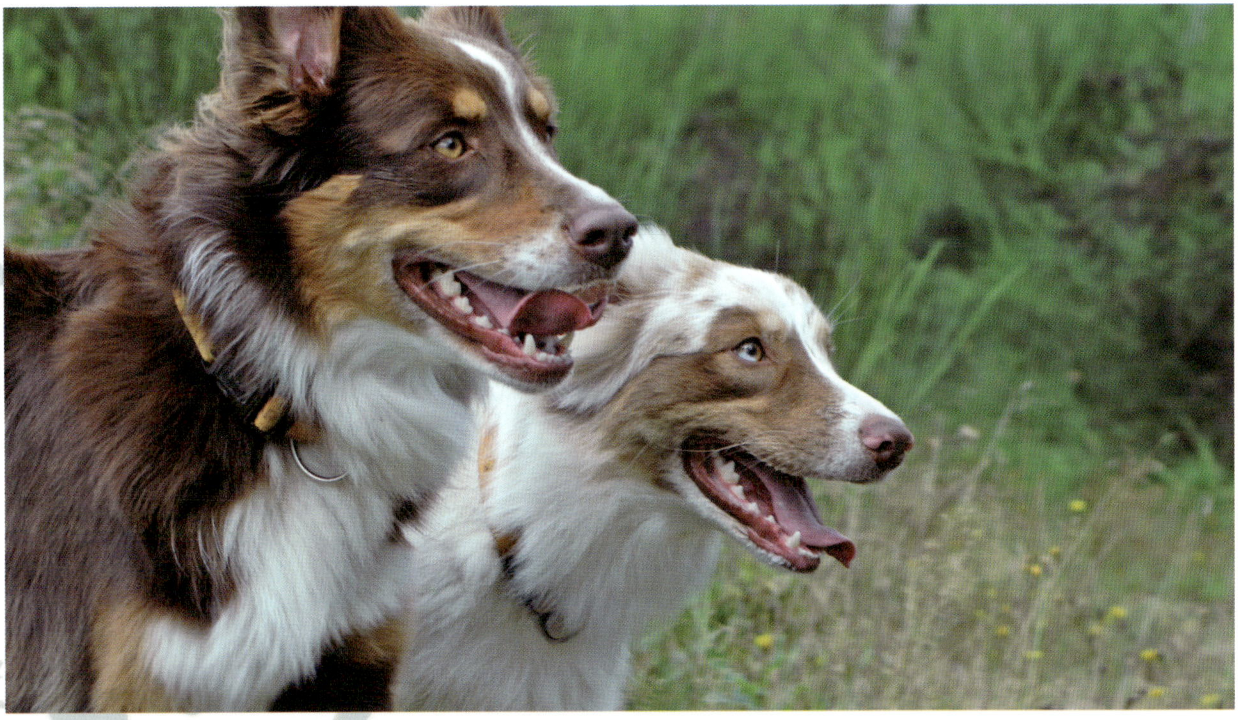

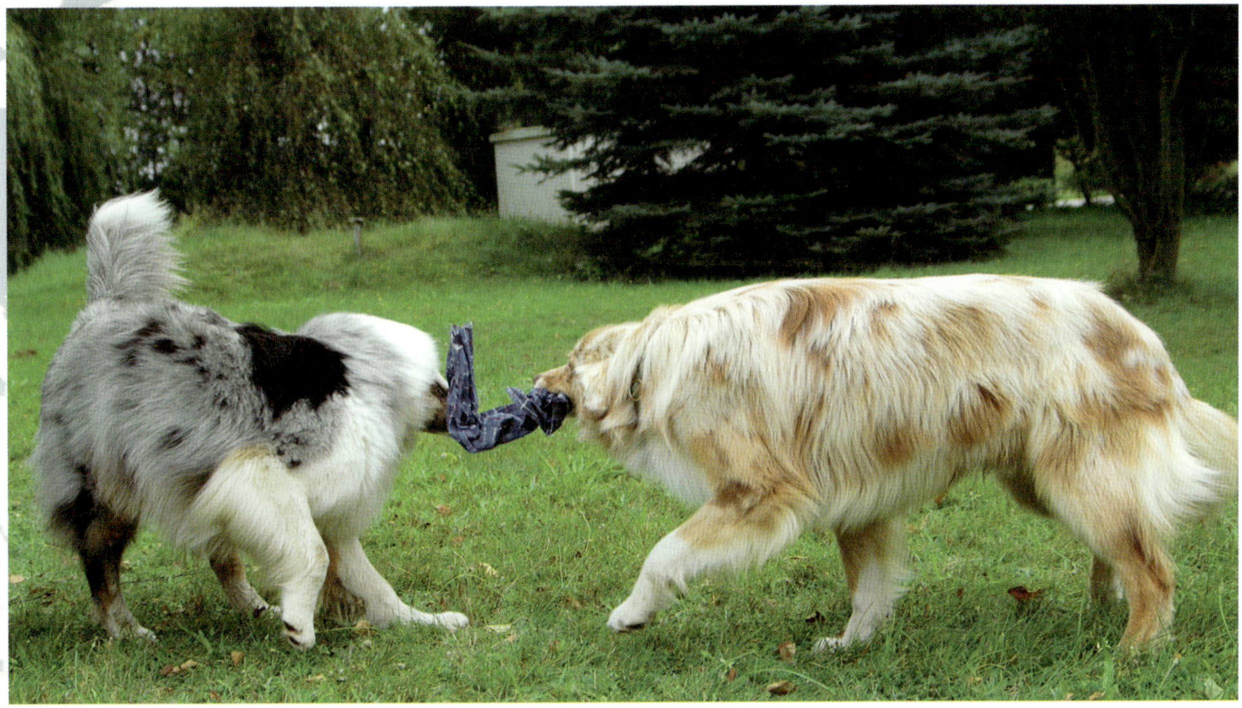

Leben mit einem Aussie

Australian Shepherds sind Spätentwickler. Da die Jugendzeit bei ihnen ausgesprochen lange dauert, soll sie hier besondere Erwähnung finden. Aussies durchlaufen innerhalb ihrer ersten zwei bis drei Lebensjahre mehrere sensible Entwicklungsphasen, in denen sie oftmals besonders unsicher, aufgeregt und leicht ablenkbar sind. Zudem neigen sie in der Jugendzeit zu impulsiven, schnellen Reaktionen. Impulskontrolle (Selbstkontrolle) und das Aushalten kleiner Frustrationen müssen sie erst nach und nach lernen. In dieser Zeit braucht man als Besitzer eines jungen Aussies manchmal starke Nerven, denn man sollte stets ruhig und gelassen agieren und dem Hund dadurch vermitteln, dass man alles im Griff hat. Das gibt ihm Stabilität und Sicherheit, um gut durch diese lange, unruhige Phase hindurchzukommen.

Wenn Australian Shepherds toben, fliegen schon manchmal die Fetzen.

Halbstarke unter sich, die im Spiel ihre Grenzen austesten.

Wenn der junge Aussie noch keine ausreichende Impulskontrolle gelernt hat, reagiert er unter Umständen sehr stark auf fremde Menschen oder unbekannte Dinge und Situationen, die ihm bedrohlich vorkommen. Da beim Australian Shepherd Reserviertheit gegenüber Fremden und ein gewisser Schutzinstinkt sowie territoriales Verhalten immer züchterisch gefördert wurden und stark in den Genen verankert sind, kann man sich leicht vorstellen, dass ein unsicherer oder gar ängstlicher Aussie, der sich schnell bedroht fühlt, dazu neigen kann, auf alles Fremde mit defensiver Aggression zu reagieren.

Die beste Vorbeugung gegen solche Probleme sind vielfältige positiv gestimmte Erfahrungen mit fremden Menschen und Hunden und sorgfältige Gewöhnung an Umweltreize in der Welpenzeit, ohne den jungen Hund zu überfordern. So erlangt er die notwendige innere Stabilität, wird mit dem Anblick fremder Menschen, Tiere und Dinge vertraut und steht ihnen von vornherein gelassener gegenüber. Der Welpe und Junghund sollte viele positive Kontakte mit Menschen jeden Alters haben und erfahren, dass Menschen ihn nicht bedrohen, wenn sie sich über ihn beugen und ihn von oben herab anfassen. Und er sollte Menschen kennenlernen, die irgendwie anders sind als die meisten Menschen, die zum Beispiel einen auffälligen Hut, eine Sonnenbrille, einen Motorradhelm oder einen Regenschirm tragen, mit Krücken, einem Gehwagen oder Nordic Walking Stöcken laufen oder im Rollstuhl sitzen. Ebenso wichtig ist der häufige Kontakt zu sozial sicheren Hunden verschiedener Rassen, und auch die Umweltgewöhnung darf nicht vergessen werden. Der Welpe selbst gibt hierbei das Tempo vor, denn es ist vom einzelnen Charakter abhängig, wie viele neue Eindrücke er verkraftet. Er sollte stets entspannt und fröhlich bei der Sache sein. Wird diese wichtige Sozialisation in der Welpenzeit versäumt, dann kann es sehr anstrengend sein, mit diesem Hund zusammenzuleben und man braucht oft sehr lange, um so einem Hund soziale Sicherheit zu vermitteln. Auf den zeitlichen Aufbau dieser ungemein wichtigen Maßnahmen in der Welpenzeit werde ich später ausführlich eingehen.

Junge Aussies sind oft sehr impulsiv und stecken voller Energie, die in die richtigen Bahnen gelenkt werden muss.

Ein gut sozialisierter junger Aussie will die Welt kennenlernen und steckt seine Nase überall hinein.

In unserer dichtbesiedelten Landschaft, in der wir ständig anderen begegnen, kann das Leben mit einem jungen, ungestümen Aussie, der noch lernen muss, sein Temperament zu zügeln, zu einer wahren Herausforderung werden.

Aber die Mühe lohnt sich: Ein mit viel Liebe und Geduld aufgezogener Aussie wird sich im Laufe der Jahre zu einem selbstsicheren, entspannten Hund entwickeln, der durch ganz besondere Loyalität seiner Familie gegenüber auffällt. Denn eines Tages kommt bei den meisten Aussies auf einmal der Wandel, der Hund wird plötzlich gelassener und ruhiger, man kann sich immer mehr auf ihn verlassen und stellt glücklich fest: Er wird erwachsen!

Je stärker die Bindung zu seiner Familie wird und je mehr Mensch und Hund im Laufe der Zeit zusammenwachsen, desto besser verstehen sie sich, ganz ohne Worte.

Man hat dann manchmal den Eindruck, der Australian Shepherd könne Gedanken lesen, denn durch seine feine Beobachtungsgabe erkennt er die Wünsche seiner Bezugsperson oft schon, bevor diese ausgesprochen werden.

Erziehung und Kommunikation im Alltag

Ein Australian Shepherd ist nichts für bequeme Menschen – er möchte jeden Tag bei seiner Familie sein und etwas mit ihr gemeinsam unternehmen.

Dabei möchte er nicht nur körperlich gefordert werden, sondern auch geistig. Ein Aussie braucht natürlich tägliche Bewegung, am besten im Freilauf, aber ebenso braucht er geistige Beschäftigung und eine sinnvolle Aufgabe.

Um glücklich zu sein und sich entspannen zu können, benötigt ein Aussie zudem, wie alle Hunde, feste Regeln im Zusammenleben mit seinen Menschen, an die er sich halten kann und die das Leben für ihn berechenbar machen. Er muss wissen, was er darf und was nicht, sonst hat er keine Chance, sich richtig zu verhalten.

Der enge Familienanschluss ist für einen Australian Shepherd enorm wichtig. Er hängt sehr an seinen Menschen und möchte so viel Zeit wie möglich mit ihnen verbringen.

Regelmäßige Ruhephasen sind Pflicht. Aussies neigen genau wie Border Collies bei zu viel Beschäftigung manchmal zum Überdrehen. Sie werden dann hibbelig und kommen nicht mehr zur Ruhe, weil sie ständig in Erwartung einer Aktion

Bewegungsfreude und Unternehmungslust zeichnen auch den erwachsenen Australian Shepherd aus.

sind. Daher ist es sehr wichtig, dass der Aussie jeden Tag Auszeiten hat, in denen erfahrungsgemäß nichts für ihn Spannendes passiert, zum Beispiel wenn seine Besitzer gerade mit anderen Dingen beschäftigt sind. Man muss ihn dann nicht ignorieren; es reicht ihm zu signalisieren, dass er gerade nicht gebraucht wird. Nur so kann er sich zu einem ausgeglichenen Hund entwickeln

Der Aussie sollte Abbruchsignale kennen, also verstehen, was »nein« bedeutet, aber grundsätzlich empfiehlt es sich, bei seiner Erziehung so oft wie möglich mit positiver Verstärkung zu arbeiten.

Ein Australian Shepherd möchte seinem Menschen gefallen, er möchte mit ihm gemeinsam etwas tun, er möchte arbeiten. Mit viel Lob und freundlicher Ansprache wird man bei einem Aussie viel mehr erreichen als mit Strafe und Unterdrückung. Sehen Sie gutes Verhalten niemals als selbstverständlich an, sondern loben Sie den Hund, wenn er etwas richtig macht. Ein Aussie, der Spaß an der Ausführung von Kommandos hat, wird viel eher auch in einer Konfliktsituation seinem Besitzer gehorchen als ein Hund, der nur durch Zwang und das Vermeiden von Strafe gelernt hat.

Die angemessene Dosierung von Strafe ist zudem sehr schwierig. Was den einen Hund nicht kümmert, ist für den anderen schon zu viel: Australian Shepherds sind oft sehr sensible Hunde, die durch Strafe stark beeinträchtigt werden können. Von Hundetrainern häufig empfohlene Schreckreize wie Schepperdosen und Wurfketten, Spray-Halsbänder oder gar Schlimmeres können einen sensiblen Hund extrem verstören. Es ist durchaus möglich, dass er infolge einer solchen Erfahrung den Ort, an dem dies geschehen ist, in Zukunft nicht mehr betreten möchte und alles meidet, was mit der Situation in Zusammenhang

Familienanschluss ist sehr wichtig, damit der Welpe eine Bindung zu seinen Menschen aufbauen kann. Ein Aussie möchte wirklich dazugehören, sonst ist er nicht glücklich.

stand. Auch die Entwicklung von defensiver Aggression ist denkbar, wenn der Hund sich stark bedrängt fühlt und keine Möglichkeit zum Ausweichen sieht. Vermeiden Sie daher unbedingt solche Maßnahmen. Sie sind nicht nur sinnlos, sondern sie können auch gefährliche Folgen haben.

Man kann für seinen Aussie ein gut sitzendes Geschirr oder ein breites weiches Halsband oder beides kaufen. Wichtig ist, dass der Hund im Straßenverkehr auf jeden Fall gesichert ist. Ein zu locker sitzendes Halsband kann an einer vielbefahrenen Straße lebensgefährlich sein. Blitzschnell hat sich vor allem ein junger, agiler Hund aus dem Halsband herausgewunden und läuft vor ein Auto. Daher empfehle ich in solchen Situationen eher ein gut angepasstes Geschirr, das mehr Sicherheit bietet.

Auch für ein Schleppleinentraining, das sich vor allem für den Aufbau eines sicheren Rückrufs anbietet, ist ein Geschirr empfehlenswert.

Wenn man dagegen am Wasser spazieren geht und der Aussie gerne badet, dann ist ein Geschirr wieder unpraktisch, weil es durch die Nässe sehr schwer werden kann.

Das Training zur Leinenführigkeit wird beim Australian Shepherd am besten über konsequentes Stehenbleiben, sobald die Leine sich strafft, geübt. Dies muss immer und auf jedem Spaziergang durchge-

führt werden, bis der Aussie gelernt hat, dass es niemals – wirklich keinen Schritt – weitergeht, wenn er an der Leine zieht. Keine Sorge, bei konsequenter Anwendung wird der Erfolg nicht lange auf sich warten lassen. Der Hund lernt hierbei als positiven Nebeneffekt, sich auch in aufregenden Situationen besser selbst zu kontrollieren und insgesamt beim Gehen an der Leine mehr auf seinen Besitzer zu achten. Ist man bei diesem Training nicht konsequent und erlaubt ab und zu das Ziehen, dann kann dies allerdings das Gegenteil bewirken.

Der immer wieder empfohlene starke Leinenruck kann nicht nur die Halswirbelsäule des Hundes schädigen, sondern diese Trainingsmethode ist auch wesentlich weniger erfolgversprechend. Im ungünstigsten Fall lernt ein sensibler Aussie hierdurch nur, dass das Gehen an der Leine unangenehm ist und dass sein Besitzer ihm mit der Leine Schmerzen zufügt – keine gute Ausgangsbasis für ein harmonisches Miteinander.

Ein Wort noch zu einigen Hilfsmitteln, die von manchen Anbietern als Wundermittel zur Erreichung der Leinenführigkeit empfohlen werden: Die sogenannten Erziehungsgeschirre, bei denen dünne Schnüre an der feinen Haut hinter den Ellenbogen des Hundes anliegen und sich bei Zug zusammenziehen, verursachen große Schmerzen und können

bei falscher Anwendung sogar zu Lahmheiten führen. Sie sind mindestens genauso tierschutzrelevant wie Stachelhalsbänder (auch Korallenhalsbänder genannt) oder Würgehalsbänder ohne Zugstopp und sollten keinesfalls angewandt werden. Ein Aussie, der durch Schmerzen zur Leinenführigkeit erzogen wurde, wird niemals wirklich Freude an einem Spaziergang an der Leine haben.

Ein Halti (Kopfgeschirr), das im Übrigen nie allein, sondern immer in Verbindung mit einem Halsband oder Geschirr und jeweils getrennten Leinen verwendet werden darf, ist bei richtiger Handhabung ein nützliches Hilfsmittel, um die Blickrichtung des Hundes zu lenken und damit seine Aufmerksamkeit einzufordern. Die korrekte Anwendung sollten Sie sich von einem erfahrenen Hundetrainer zeigen lassen, da man hier viele Fehler machen kann. Der Hund wird langsam und mit viel positiver Verstärkung an das Tragen gewöhnt, damit er es nicht als unangenehm empfindet. Ein Halti wird zu Trainingszwecken benutzt, und es sollte bei richtiger Anwendung nicht vorkommen, dass ein Hund es lebenslang tragen muss. Niemals, unter keinen Umständen, wird eine Schleppleine am Halti befestigt! Wenn der Hund in die Leine rennt, kann er sich bei einer solchen Art der Sicherung lebensgefährlich verletzen.

Herausforderung Selbstständigkeit

Ein Aussie ist ein sehr intelligenter und selbstständig handelnder Hund. Er »denkt mit«. Er will Entscheidungen verstehen und nachvollziehen können. Viele Aussiebesitzer sind daher der Meinung, ihr Hund sei stur und dickköpfig. Eine solche Beschreibung wird dem Australian Shepherd aber nicht gerecht. Der Aussie ist ein Hund, der aufgrund eigener Beobachtungen Situationen beurteilt und daraufhin eigene Entscheidungen trifft. Im Arbeitsalltag der Hunde ist diese Eigenschaft enorm wichtig. Wenn beispielsweise der Farmer dem Aussie die Anweisung gibt, an einem bestimmten Platz im Gatter stehen zu bleiben und zu warten, und auf einmal rennt aus irgendeinem Grund die ganze Rinderherde in Richtung des Hundes, dann muss der Hund selbstverständlich den Befehl ignorieren, um sich selbst in Sicherheit zu bringen. Es wird von ihm erwartet, dass er in der Lage ist, eine solche Situation selbst einzuschätzen. Diese Fähigkeit zum »Mitdenken« überträgt sich auch auf unseren normalen Alltag mit dem Australian Shepherd. Meine junge Aussiehündin kommt

beispielsweise sofort zu mir geflitzt, wenn ich »Auto« rufe und tatsächlich ein Auto angefahren kommt, denn das macht in ihren Augen Sinn. Wenn ich aber »Auto« rufe und mich getäuscht habe, sich also gar kein Fahrzeug nähert, kann es schon mal vorkommen, dass sie sich umschaut und mich dann nur mit einem verständnislosen Blick mustert.

Das heißt natürlich nicht, dass man den Aussie nicht erziehen muss. Im Gegenteil: Er braucht eine sehr sorgfältige Erziehung, die mit viel Liebe und Geduld, aber auch mit besonderer Konsequenz erfolgen sollte. Denn seien Sie sich sicher: Ihr Aussie beobachtet Sie genau, und wenn Sie nicht konsequent handeln, dann wird er sofort daraus schließen, dass es Ihnen egal ist, was er tut, und dass er von nun an selbst entscheiden darf – und er wird nicht zögern, das auch zu tun. Daher ist es gerade bei einem so selbstständig agierenden Hund wichtig, ihm klare Grenzen zu setzen, damit er sich und andere nicht in Gefahr bringt.

Ein Australian Shepherd wird auch bekannte Kommandos immer mal wieder infrage stellen und auf die für den Aussie typische charmante Art und Weise testen, ob die alten Regeln immer noch gelten. Es könnte ja schließlich sein, dass Sie es sich zwischenzeitlich anders überlegt haben. Bestehen Sie in dem Fall mit freundlicher Konsequenz auf der Einhaltung der bekannten Regeln.

Wie vermittle ich nun meinem Hund, was ich von ihm möchte? Die richtige Kommunikation mit dem Aussie ist gar nicht so schwer. Hunde haben kein Verständnis für unsere Sprache. Sie lernen zwar die Bedeutung einiger Wörter, aber in erster Linie versuchen sie uns zu verstehen, indem sie uns beobachten. Sie selbst kommunizieren hauptsächlich körpersprachlich durch Verhalten und Mimik, und

sie erwarten dies auch von uns. Der erste Schritt zum wirklichen Verständnis des Aussies ist also, sich mit seinem Ausdrucksverhalten auseinanderzusetzen und ihn zu beobachten. Um dem Aussie etwas mitzuteilen oder beizubringen, müssen wir Menschen uns unserer Körpersprache, Gestik und Mimik bewusst werden und diese in Verbindung mit den gesprochenen Signalen und deren Betonung

Diese beiden Junghunde sind im typischen Flegelalter.

70

Mit gut erzogenen Aussies hat man auch auf Reisen viel Freude.

gezielt einzusetzen lernen. Wir müssen versuchen, für den uns beobachtenden Hund eindeutig und klar lesbar zu sein. Es ist dabei nicht notwendig, zu versuchen, die hundlichen Signale nachzuahmen. Hunde sind Meister darin, unsere teils unbewusste Körpersprache zu beobachten und zu deuten. Wenn wir für Menschen untypische Signale verwenden, dann wird das unseren Hund eher verwirren.

Doch sollte man sich vor allem dann, wenn in der Erziehung etwas nicht so recht klappt, überlegen, wie die eigene Körpersprache wohl gerade auf den Hund wirkt. Ein besonders deutliches und immer wieder zu beobachtendes Beispiel für einen häufigen Fehler: Ein Mensch, der seinen Hund zu sich ruft, beugt sich dabei nach vorne und starrt den Hund an. Diese bedrohliche Körpersprache des

Menschen teilt dem Hund mit: »Komm jetzt bloß nicht her!«, während die gesprochenen Worte das Gegenteil verlangen. Der innere Konflikt des Hundes und seine zögerliche Reaktion auf eine solch widersprüchliche Aufforderung sind verständlich. Besser wäre es in dieser Situation, sich leicht von dem Aussie wegzudrehen und ihn mit einer einladenden Bewegung zum Kommen aufzufordern. Bei starker Ablenkung empfiehlt es sich sogar, in eine andere Richtung wegzulaufen. Das signalisiert dem Hund: »Komm schnell mit, sonst bin ich gleich weg.«

Der Aussie reflektiert das, was er in unserer Körpersprache und unserer Stimmlage erkennt. Um uns unserer eigenen Aktionen bewusst zu werden, sollten wir auch die Reaktionen des Hundes beobachten. Er wird sich die größte Mühe geben, uns zu verstehen und uns dies deutlich zu signalisieren. Es liegt an uns, seine Kommunikationsangebote richtig zu deuten. Je besser wir das Ausdrucksverhalten unserer Hunde verstehen, desto eher wird es uns möglich sein, mit ihnen hundegerecht umzugehen. Weiterführende Literatur zu diesem Thema finden Sie im Anhang.

Das Herausrufen aus dem Spiel ist besonders schwer, aber mit etwas Übung kann man es jedem Aussie beibringen.

Schreckgespenst
Dominanz

Immer wieder wird man als Hundehalter, oft schon in der Welpengruppe, mit dem Begriff »Dominanz« konfrontiert. Ein Hund, der nicht gehorcht, sein Spielzeug nicht abgibt, bei anderen Hunden aufreitet oder wild spielt, wird schnell als »dominant« abgestempelt, weil die Trainer zu wenig über die Bestandteile des Spielverhaltens und über den Unterschied zwischen sozialer Rangordnung und Ressourcenverteidigung wissen.

Um es klar zu sagen: Einen Hund, der immer und überall dominant ist, gibt es nicht. Dominanz ist keine Charaktereigenschaft, sondern die Eigenschaft einer Beziehung zwischen Individuen, die nicht statisch, sondern situationsabhängig ist.

Ein weiteres mit der Dominanz-These zusammenhängendes Schreckgespenst, das leider immer noch in den Köpfen herumspukt, obwohl es schon vor längerer Zeit widerlegt wurde, ist der Glaube, dass Hunde im Zusammenleben mit ihren Menschen ständig versuchen, eine Vorrangstellung zu erlangen. Die Verhaltensforschung hat erwiesen, dass man eine Rangordnung zwischen Mensch und Hund nicht mit der Rangordnung zwischen Hunden gleichsetzen kann, da Hunde sehr wohl wissen, dass

sie keine Menschen sind, und es auch keine fortpflanzungsbedingte Konkurrenz zwischen Mensch und Hund gibt.

Es ist unnötig, sich ständig Sorgen zu machen, ob der Hund einen noch respektiert, nur weil er mal auf der Couch liegt oder vor dem Menschen durch die Tür läuft oder weil man auf seine Spielaufforderung eingegangen ist. Man muss definitiv nicht immer vor dem Hund essen, um eine vermeintliche Futterrangordnung einzuhalten, und es muss ganz sicher kein Hund aus Dominanzgründen aus dem Schlafzimmer verbannt werden. Im Gegenteil, es stärkt enorm die Bindung, wenn dem Hund erlaubt wird, mit seinen Menschen im selben Zimmer zu schlafen.

Aber: Der Mensch besitzt die Ressourcen (vor allem das Futter) und stellt die Regeln im Zusammenleben mit dem Hund auf. Zudem brauchen Hunde natürlich Menschen, die in ihren Handlungen klar und konsequent sind und sich selbst an die aufgestellten Regeln halten. Doch das alles hat nichts mit der Unterdrückung von dominantem Verhalten zu tun, sondern mit der Pflicht, einem von uns abhängigen Lebewesen auf verständliche Weise zu zeigen, wie es sich in unserer Welt, die zum Teil so gar nichts Natürliches mehr besitzt, zu verhalten hat.

Probleme und Konflikte, die zwischen Menschen und ihren Hunden auftreten, haben in der Regel andere Hintergründe, sie resultieren meist aus Missverständnissen, Überforderung oder Unterforderung, Inkonsequenz und unklaren Verhaltensregeln dem Hund gegenüber oder aber der Hund versucht, sich selbst und seine Ressourcen (Futter, Spielzeug, Liegeplätze oder Ähnliches) zu verteidigen, aus Angst vor möglichen Reaktionen des Besitzers oder aus mangelnder Frustrationstoleranz. Hier muss der Einzelfall beurteilt werden, es gibt kein Patentrezept für solche Probleme. Der Aussie kann nur aufgeschlossen und sicher durch die Welt laufen, wenn er weiß, wie er sich verhalten muss, weil seine Besitzer ihm die Regeln des Zusammenlebens vermittelt haben. Befolgen Sie daher bitte niemals den Ratschlag, Ihren Hund tage- oder wochenlang zu ignorieren und von den Tätigkeiten der Familie auszuschließen, um ein vermeintliches Dominanzproblem zu beseitigen. Dies wird immer noch oft von Hundetrainern empfohlen, es ist aber nicht nur eine Quälerei für den Hund, sondern kann durch den erzeugten sozialen Stress auch Probleme, die vorher nicht vorhanden waren, erst hervorrufen.

Das Kontaktliegen signalisiert Zusammengehörigkeit und stärkt die Bindung zwischen den beiden Hunden. Dies funktioniert auch zwischen Hund und Mensch, probieren Sie es aus!

Was tun, wenn der Aussie ängstlich ist?

Angenommen, Sie haben einen jungen Aussie, der seine Umwelt misstrauisch beäugt und zum Beispiel eine Mülltonne, die heute an einem anderen Platz steht als gestern, hysterisch anbellt – oder er hat Angst vor dem lauten Motorengeräusch eines LKWs. Wie geht man mit solchen Ängsten des Hundes um?

Hat man einen ängstlichen oder geräuschempfindlichen Australian Shepherd, dann ist es die Aufgabe des Besitzers, die Ängste des Hundes ernst zu nehmen und ihn bei der Bewältigung mit viel Zeit und Geduld zu unterstützen. Mit Entspannung und Spiel in ausreichend Abstand zum Angstauslöser kann man schon viel erreichen. Ist die Angst des Hundes sehr stark, sollte man sich fachkundige Hilfe holen, da der Hund unter diesen Problemen oft sehr leidet. Niemals darf man seinen Aussie zwingen, sich einem Angstauslöser zu nähern, so lächerlich man die Angst des Hundes aus der menschlichen Perspektive auch manchmal findet. Der Hund muss sich selbst trauen, die Distanz

Die meisten Aussies lieben es, den Geruch ihres Menschen in der Nase zu haben, das kann ihnen auch in unbekannten Situationen ein Gefühl der Geborgenheit vermitteln.

zu dem Objekt zu überwinden. Die erfolgreiche Bewältigung solcher Situationen kann darüber entscheiden, wie sich der Hund in seinem weiteren Leben gegenüber diesem besonderen Auslöser verhält und ob sein Selbstbewusstsein durch das Erlebnis gestärkt oder geschwächt wird.

Auch das oft empfohlene Ignorieren der Angst kann diese auf Dauer verstärken, da man dem Hund dadurch signalisiert, dass man ihn in einer für ihn schlimmen Situation alleine lässt. Hundetrainer sind oft der Ansicht, man würde die Angst belohnen, wenn man sich um den Hund kümmert. Doch ist Angst eine negative Emotion, Belohnung dagegen erzeugt positive Emotionen. Es ist daher schlicht nicht möglich, Angst zu belohnen. Man kann aber durch Strafe, bedrohliche Gesten dem Hund gegenüber und durch eigene Aufregung die Angstgefühle des Hundes verstärken, dies alles gilt es daher zu vermeiden. Ein guter Hundetrainer wird Ihnen zeigen, wie Sie schon kleine Anzeichen von Angst bei Ihrem Hund erkennen und wie Sie dem Hund helfen können, diese Angst zu überwinden.

Wenn ein Aussie Angst vor bestimmten Objekten oder Geräuschen hat, wurde in der Vergangenheit manchmal eine Reizüberflutung empfohlen, wie sie bei der Therapie von Menschen mit Ängsten eingesetzt wird. Das heißt, der menschliche Patient wird dem Auslöser in starkem Ausmaß über längere Zeit ausgesetzt, bis sich die Angst verringert. Ein Hund weiß aber im Gegensatz zum Menschen nicht, worauf das Ganze hinausläuft. Er hat kein Ziel vor Augen, abgesehen von der Suche nach einer Fluchtmöglichkeit, daher wird sich seine Angst immer mehr steigern, wenn man ihn dem Auslöser längere Zeit aussetzt. In dem Moment, in dem der Aussie beispielsweise das Geräusch, vor dem er sich fürchtet, hört, bekommt er Angst. Wenn man ihn nun an der Flucht hindert, kann sich durch die immer größer werdende Angst eine Phobie entwickeln. Ist es so weit gekommen, wird der Hund bereits auf das kleinste Geräusch panisch reagieren, und dies wiederum ist im Alltag unglaublich gefährlich, denn der Aussie wird das Geräusch mit seinem feinen Gehör eher wahrnehmen als der Mensch und im schlimmsten Fall panisch die Flucht ergreifen, bevor der Mensch auch nur merkt, was eigentlich los ist.

Anderen Hunden gegenüber sind die meisten Australian Shepherds verträglich – natürlich spielen hier die Sozialisation und die individuellen Erfahrungen in der Welpenzeit eine sehr große Rolle, wie bei allen anderen Hunderassen auch. Es ist bei erwachsenen Australian Shepherds nicht selten, dass die individuelle Sympathie bei Hundebegegnungen entscheidet, ob man sich mag oder ob man sich lieber aus dem Weg geht. So können sich zu anderen Hunden sehr tiefe Freundschaften, aber auch Abneigungen entwickeln. Zudem sollte nicht unerwähnt bleiben, dass viele erwachsene Aussies sehr darauf bestehen, dass andere Hunde sich ihnen gegenüber höflich verhalten und ihre Individualdistanz respektieren. Daher kommt es manchmal vor, dass distanzlose stürmische Hunde (»Der will nur spielen«), die andere Hunde zur Begrüßung einfach umrennen, von einem Aussie energisch in ihre Schranken verwiesen werden. Das ist eine Erziehungsmaßnahme, die manchmal von lautem Gezeter begleitet wird, sich in der Regel aber dramatischer anhört als sie ist, und die unter Hunden respektiert wird.

Hat man einen Hund, dem seine Individualdistanz wichtig ist, dann sollte man ihm helfen und ihn vor solchen unhöflichen Annäherungen fremder Hunde schützen, indem man sich zum Beispiel vor seinen Aussie stellt und die allzu heftige Annäherung des anderen dadurch abschwächt. Das hat den Vorteil, dass der Aussie sich nicht selbst wehren muss, und zudem wird er sich in Konfliktsituationen dann eher hinter seinen Besitzer stellen als die Konfrontation zu suchen.

Als Hundebesitzer muss man sich seiner Verantwortung gegenüber der Umwelt bewusst sein. Um zu vermeiden, dass die Gemeinden immer schärfere Gesetze und Auflagen erlassen, ist es notwendig, dass Hundebesitzer Rücksicht auf andere Menschen nehmen. Selbst wenn der eigene Hund noch so lieb ist, sollte man ihn niemals ohne vorherige Absprache einfach auf fremde Menschen zulaufen lassen, denn es könnte sein, dass diese Angst vor Hunden haben oder einfach gerade ihre beste Hose tragen und darauf keine Hundehaare haben möchten. Es ist selbstverständlich, dass der Hundekot aufgesammelt wird. Erziehen Sie Ihren Aussie gut und nehmen Sie ihn auf öffentlichen Plätzen und an der Straße an die Leine. Lassen Sie ihn keine Radfahrer oder Motorradfahrer jagen, Joggern vor den Füßen herumlaufen oder Kleinkinder umrennen, passen Sie immer auf Ihren Hund auf und seien Sie ein gutes Vorbild.

Zudem gibt es die ungeschriebene Regel unter Hundebesitzern, dass man seinen eigenen Hund an die Leine nimmt, wenn einem ein fremder angeleinter Hund entgegenkommt, denn es könnte sein, dass es sich um einen Hund mit einer ansteckenden Krankheit, eine läufige Hündin oder um einen Hund handelt, der Probleme mit anderen Hunden hat. Der Besitzer wird jedenfalls seine Gründe haben, warum er keinen Kontakt mit anderen Hunden möchte.

Territorialverhalten

In der näheren Umgebung des eigenen Hauses und bisweilen auch des eigenen Autos neigen viele Australian Shepherds zu Territorialverhalten, auch gegenüber anderen Hunden. Ausnahmen gibt es natürlich auch hier, doch Aussies sind in der Regel mehr oder weniger territorial veranlagt. In ihren Augen hat ein fremder Hund in der Nähe ihres Zuhauses nichts zu suchen. Dies sollte man als Besitzer eines Australian Shepherds immer bedenken und vorausschauend handeln, damit es nicht zu Konflikten kommt. Derselbe fremde Hund wird auf neutralem Gelände aber meist freundlich begrüßt.

Ebenso oft zeigt sich das Territorialverhalten des Aussies gegenüber fremden Menschen rund um das eigene Haus und Grundstück herum. Nicht nur der »Klassiker« Postbote, sondern auch andere Fremde werden von einem Aussie meist misstrauisch beäugt, wenn sie sich dem Haus nähern, und wer es wagt, ohne Begleitung des Aussiebesitzers den Garten oder gar das Haus zu betreten, der sollte damit rechnen, dass ein Australian Shepherd eine solche Grenzverletzung nicht einfach akzeptiert. Aussies nehmen die Aufgabe des Wächters – wie alle anderen Aufgaben auch – oft sehr ernst. Aussiebesitzer, deren Hund zu territorialem Verhalten neigt und die häufig

Auf neutralem Gelände sind Australian Shepherds freundlich aufgeschlossen, aber wehe, ein Fremder betritt ihr Grundstück ...

Besuch bekommen, sind gefordert, ihrem Aussie zu vermitteln, dass es nicht seine Aufgabe ist zu entscheiden, wer das Haus betreten darf und wer nicht. Das ist gar nicht so leicht wie es sich anhört, und bei besonders ausgeprägtem Territorialverhalten kann es unter Umständen sogar notwendig sein, den Hund bei Anwesenheit von Besuchern dauerhaft zu kontrollieren.

Bei einigen Australian Shepherds ist das Territorialverhalten nicht auf das Zuhause und das Auto beschränkt, sondern diese Hunde verteidigen jeden Ort, an dem sie sich eine Weile aufgehalten haben. Das kann das Büro des Besitzers sein, falls der Aussie mit zur Arbeit genommen wird, oder eine Ferienwohnung, oder auch nur eine Parkbank, ein Tisch im Restaurant oder ein Strandhandtuch, auf dem man mit seinem Aussie eine Zeitlang gesessen hat.

Die Übergänge zwischen Territorialverhalten, sozialer Unsicherheit Fremden gegenüber und Ressourcenverteidigung – also Verteidigung von Dingen und Personen, die dem Hund wichtig sind – sind oft fließend. Nicht alles, was wie Territorialverhalten aussieht, ist wirklich territorial motiviert. Daher möchte ich trotz der bekannten und auch durch den Standard geforderten Neigung vieler Aussies zu diesem Verhalten vor Pauschalisierungen warnen.

Jagdverhalten

Australian Shepherds reagieren auf optische Reize oftmals sehr schnell. Viele Menschen glauben, dass Hütehunde wie der Australian Shepherd nicht jagen. Wie schon im Kapitel über das Hüteverhalten beschrieben, ist das Hüten aber im Prinzip nichts anderes als Jagen. Nur die letzte Handlung der Jagdsequenz, das Töten, wurde den Hütehunden weitgehend abgezüchtet. Somit sind auch viele Aussies begeisterte Hetzer von Hasen, Kaninchen, Katzen und anderen Tieren. Erstmalig ausgelöst wird dieses Verhalten oftmals durch eine Begegnung mit einem Tier, das kurz vor dem Hund auf einmal aufspringt und losläuft. Das Hinterherhetzen ist für den Hund extrem selbstbelohnend, da kann der Mensch noch so sehr mit Leckerli und Spielzeug winken. Daher gilt es, den Hund und die Umgebung genau zu beobachten und dieses Verhalten im Ansatz zu verhindern, damit es gar nicht erst dazu kommt. Es gibt durchaus Aussies, die nach einigen derartigen Glückserlebnissen beim Hinterherhetzen auch aktiv nach Wildspuren suchen. Wenn es so weit gekommen ist, hat der Mensch ein Problem, denn dann hat er kaum noch eine Chance, das Wild vor dem Hund zu orten.

Diese Aussiehündin ist gerade hoch konzentriert auf Mäusejagd. Es ist ein Gerücht, dass Hütehunde generell nicht jagen.

Die meisten Aussies bleiben, im Gegensatz zu vielen Jagdhunderassen, nicht lange weg: Sie jagen den Hasen einmal quer über das Feld und kehren dann »vor Glück strahlend« zu ihrem Besitzer zurück. Doch bedenken Sie, dass auch ein so kurzer Jagdausflug den Hund das Leben kosten kann, wenn er dabei vor ein Auto läuft oder von einem Jäger erschossen wird – ganz zu schweigen von dem Stress für die Wildtiere.

Hundesport

Aussies sind sehr aktive Hunde, die für jeden Spaß zu haben sind und nichts mehr lieben, als gemeinsam mit ihren Menschen Aufgaben zu bewältigen. Auf den zahlreichen Hundeplätzen und in Hundeschulen gibt es vielfältige Möglichkeiten und Angebote, um sich mit viel Spaß und gemeinschaftlich mit Gleichgesinnten mit dem Hund zu beschäftigen. Und auch zu Hause muss sich niemand mit einem Aussie langweilen.

Der Australian Shepherd eignet sich für so gut wie jede Hundesportart und ist für alles zu begeistern – nur von der Ausbildung zum Schutzhund rate ich dringend ab. Der Aussie wird seinen Menschen auch ohne Ausbildung beschützen, manchmal sogar mit mehr Elan als einem lieb ist. Ich halte es für keine gute Idee, dies noch durch Schutzhundesport zu fördern und dem

Ohne Anleitung macht er Blödsinn. Wenn seine Menschen aber mit ihm arbeiten, ist er mit Feuereifer dabei.

Hund hier die so wichtige Beißhemmung abzutrainieren.

Im Folgenden möchte ich einige Sportarten und Beschäftigungsmöglichkeiten kurz vorstellen. Wer sich genauer informieren möchte, findet zu vielen der genannten Themen Buchempfehlungen im Literaturverzeichnis.

Für die meisten der vorgestellten Sportarten kann man sich auf Turnieren und Leistungsprüfungen qualifizieren. Menschen arbeiten nicht gern ohne Ziel, doch eines sei Ihnen ans Herz gelegt: Niemals dürfen das Wohl und die Gesundheit des Hundes unter dem eigenen Ehrgeiz leiden. So mancher Aussie hat einen volleren Freizeitplan als ein Schulkind. Montags Agility, dienstags Flyball, mittwochs Besuchshundedienst, donnerstags Schnupperkurs usw. ist definitiv zu viel des Guten, mit einem solchen Termin-Marathon schafft man sich einen nervösen, unausgeglichenen Hund. Achten Sie bei aller Begeisterung bitte auf ein gemäßigtes Freizeitangebot.

Im Hundesport, wo es darum geht, Ziele zu erreichen, ist Stress für den Aussie oft ein nicht unerheblicher Faktor. Starker Stress äußert sich bei manchen Australian Shepherds in Inaktivität und Arbeitsverweigerung. Diese Hunde sind aufgrund von Überforderung nicht mehr in der Lage richtig mitzuarbeiten. Ihre Besitzer werden dann oft ungeduldig, weil

Aussies lieben es, gemeinsam mit ihren Menschen zu arbeiten. Für welche Beschäftigung Sie sich auch immer entscheiden, ein Aussie ist für fast alles zu begeistern.

sie meinen, der Hund sei bockig. Statt ärgerlich zu reagieren ist es hier angebracht herauszufinden, warum der Hund nicht mehr richtig mitarbeitet. Vielleicht waren die Anforderungen zu hoch. Ein lockeres Spiel und ein kurzer Spaziergang können hier manchmal Wunder wirken, und dann wird das Training mit einer leichten Übung beendet, damit der Hund zum Schluss ein Erfolgserlebnis hat und für das nächste Mal wieder motiviert ist.

Andere Aussies drehen dagegen richtig auf, wenn sie überfordert sind, sie werden hibbelig, kläffen schrill, springen hoch und zwicken ihre Besitzer in die Jackenärmel. Auch das kann Ausdruck von Stress sein, nur äußert er sich bei diesen Hunden in gesteigerter Aktivität. Hier wäre es ebenfalls kontraproduktiv, dieses Verhalten zu bestrafen. Ist man Besitzer eines solchen Aussies, dann ist in einem solchen Moment alles empfehlenswert, was zur Beruhigung des Hundes beiträgt. Aus der Situation rausgehen, ruhige Bewegungen, den Hund ins Platz legen, langsames Streicheln... Entspannung kann und sollte man mit einem Aussie im Alltag üben.

Bedenken Sie zudem, gerade wenn Sie im sportlichen Bereich mit Ihrem Hund trainieren, dass Australian Shepherds erst mit etwa drei Jahren geistig ausgereift sind und sehr langsam erwachsen werden. Fordern Sie nicht zu viel auf einmal von einem jungen Aussie, gehen Sie es lieber langsam an.

Agility

Für die Sportart Agility eignen sich gerade die Hütehundrassen besonders gut, da sie von sich aus sehr aufmerksam auf die Signale ihres Menschen achten und gern mit ihm zusammenarbeiten. Die ersten Schritte sollte man gemeinsam mit einem erfahrenen Trainer machen, da man nur so Fehler beim Lernen der Geräte vermeiden kann. Wichtig ist es, durch Aufwärmtraining und Kontrolle des Hundes vor allem an den höheren Geräten die Verletzungsgefahr so gering wie möglich zu halten.

Wenn der Aussie die einzelnen Geräte beherrscht, besteht die eigentliche Kunst darin, den Hund durch geschickte Körpersprache durch den Parcours zu führen und sogar weitere Strecken vorauszuschicken. Halten Sie sich immer vor Augen, dass die meisten auftretenden Fehler durch die ungeschickte Körpersprache des Menschen entstehen. Der Hund kann nur das ausführen, was wir ihm anzeigen.

Coffey schaut schon im Sprung, welches Gerät ihm als Nächstes angezeigt wird. Aussies achten sehr genau auf die Gestik ihrer Besitzer.

Schwierige Geräte wie den Slalom kann
man auch im eigenen Garten gut üben.

Ihn für Fehler verantwortlich zu machen, wäre grundfalsch. Stattdessen muss man sich überlegen, was genau der Hund eigentlich gesehen und wie er dies gedeutet hat.

Für aktive Agilitysportler, die noch an einigen häufig auftauchenden Fehlern arbeiten, ist es manchmal eine wahre Erleuchtung, wenn sie sich auf einer Videoaufnahme in Aktion sehen und beobachten können, wie ihre Gestik auf den Hund wirkt.

Wenn ein junger Aussie sich beim Training über die Maßen aufregt, bellt und kaum noch ansprechbar ist, dann sollte man ihn keine langen Strecken laufen lassen, sondern ruhig mit ihm gemeinsam an einzelnen Geräten arbeiten, bis er gelernt hat, sich zu konzentrieren und auf die Signale seines Besitzers zu achten.

Hunde unter einem Jahr sollten noch keine hohen Sprünge ausführen. Man kann aber schon Welpen vorsichtig mit den Kontaktzonengeräten bekannt machen, sie über eine wenige Zentimeter hohe Hürde hüpfen lassen und sie für die Tunnel begeistern. Wenn man sie mit positiver Verstärkung an die Geräte heranführt, dann haben die bewegungsfreudigen Aussies eine Menge Spaß am Agility.

Obedience

Wo während der Begleithundeprüfung oft noch ein Auge zugedrückt wird, da darf beim Obedience kein Fehler mehr passieren. Obedience ist Unterordnung in Perfektion. Hunde, die beim Bei-Fuß-Gehen fast mit ihrem Hundeführer zu verschmelzen scheinen, die präzise und schnell jedes Kommando ausführen, sich zu einem bestimmten Platz vorausschicken lassen, die begeistert apportieren und sich bei der Geruchsunterscheidung – aus mehreren Holzstücken findet der Hund das heraus, das der Besitzer in der Hand hatte – auszeichnen.

Obedience beinhaltet viele unterschiedliche Trainingsaspekte, wobei immer das Augenmerk auf der korrekten und schnellen Ausführung liegt. Ein Sport für Menschen, die sich für Perfektion begeistern können und die es verstehen, ihren Hund für die besonders gute Ausführung der Übungen zu motivieren und ihm den Spaß daran zu vermitteln.

Das Bringen des Metall-Apportels ist eine Übung für fortgeschrittene Obedience-Sportler.

Turnierhundsport (THS)

Den Turnierhundsport könnte man als »Leichtathletik mit Hund« beschreiben. Wer selbst gerne Sport treibt und seinen Hund dabei nicht missen möchte, für den ist THS die richtige Wahl. Hier geht es nicht darum, wer den schnellsten Hund hat, sondern das Team zählt. Hund und Mensch laufen gemeinsam durch einen Parcours mit Hürden und Slalom oder sie beweisen sich zusammen beim Geländelauf über verschiedene Distanzen. THS wird von vielen Hundevereinen angeboten.

Disc Dogging (Hundefrisbee)

Das Disc Dogging oder Hundefrisbee wird bei Wettkämpfen unterteilt in die Kategorien Freestyle, Mini Distance und Long Distance. Beim Freestyle führen Hund und Besitzer eine Kür zu passender Musik auf, bei der verschiedene Tricks mit mehreren Frisbeescheiben gezeigt werden. Hier ist Kreativität gefragt.

Beim Mini Distance geht es darum, dass der Hund in einem vorbestimmten Feld innerhalb kurzer Zeit eine Scheibe möglichst oft fängt und bringt. Beim Long Distance muss die Scheibe ohne Zeitbegrenzung möglichst weit geworfen, vom Hund in der Luft gefangen und zurückgebracht werden.

Wenn man mit diesem Sport beginnen möchte, braucht man zunächst spezielle hundetaugliche Frisbeescheiben, die aus weichem Kunststoff bestehen. Man erhält diese Scheiben im Fachhandel, auf Messen oder übers Internet. Die harten Frisbeescheiben, die man im normalen Spielzeughandel erwerben kann, sind für Hunde ungeeignet, da sie eine hohe Verletzungsgefahr für die Schnauze und das Gebiss des Hundes bergen. Wenn man die richtigen Scheiben hat, muss man die verschiedenen Wurftechniken üben. Wichtig ist, dass die Scheibe eine möglichst lange Strecke gerade über den Boden fliegt. Der Hund sollte keine halsbrecherischen Sprünge machen müssen, um die Scheibe zu fangen. Auch hier wäre die Verletzungsgefahr zu hoch. Erst wenn man das Werfen perfekt beherrscht, kommt der Hund ins Spiel. Es ist wichtig, den Hund vor dem Training aufzuwärmen, und der Boden auf dem Trainingsgelände muss eben und frei von Löchern sein. Dann kann es losgehen. Anleitungen zum richtigen Trainingsaufbau und genaue Beschreibungen der verschiedenen Wurftechniken findet man in Büchern, oder man besucht ein Frisbee-Seminar und übt mit Gleichgesinnten.

Für das Disc Dogging benutzt man spezielle Hunde-Frisbeescheiben und achtet darauf, dass die Verletzungsgefahr möglichst gering ist.

Flyball

Beim Flyball muss der Hund vier Hürden überwinden, am Ende der Strecke eine Ballwurfmaschine auslösen, den Ball fangen und über die Hürden zurück zum Besitzer laufen. Hier kommt es auf Schnelligkeit und präzise Ausführung an. Die Wettkämpfe bei dieser Sportart werden in Gruppen von je vier Hunden ausgetragen. Es zählt nicht die Leistung des einzelnen Hundes, sondern das Team wird als Gesamtheit gewertet. Manchmal werden noch Tennisbälle für diesen Sport verwendet, die aber für Hunde generell ungeeignet sind, da ihre raue Beschichtung die Zähne der Hunde abschleift. Gummibälle eignen sich wesentlich besser.

Coffey beherrscht viele Tricks für Profis, zum Beispiel das Balancieren auf der Nase.

Dog Dancing und Trick Dogs

Alle Australian Shepherds lernen Tricks, die durch positive Verstärkung und mit viel Spaß aufgebaut wurden, für ihr Leben gern. Der Fantasie sind kaum Grenzen gesetzt, man kann einem Aussie alles Mögliche beibringen. Im Internet und in Büchern finden sich zahlreiche Anregungen. Das Üben von Tricks kann man immer und fast überall in den Alltag einbauen.

Auch wenn die Zeit mal knapp ist, für fünf Minuten Training reicht sie doch immer.

Aussies können auf diese Weise sehr praktische Dinge lernen, die auch im Haushalt helfen. Für manche Australian Shepherds ist es wichtig, dass die gelernte Tätigkeit einen Sinn macht. Diese Hunde sind sehr glücklich, wenn sie sich im Haus und Garten nützlich machen dürfen, beispielsweise die Zeitung ins Haus tragen, Äpfel im Garten einsammeln, den Einkaufskorb ausräumen, offene Türen schließen, abends das Licht ausknipsen, Herrchen die Hausschuhe holen und vieles mehr.

Andere Aussies würden für ein Leckerli einfach alles tun, diesen Hunden kann man fast unbegrenzt

auch die sinnlosesten witzigen Tricks beibringen.

Wenn der Aussie Tricks beherrscht, dann ist der Schritt zum Dog Dancing nicht mehr weit. Beim Dog Dancing führen der Hund und sein Besitzer eine Kür von aufeinander abgestimmten Tricks zu einer passenden Musik auf. Meist steht diese Kür unter einem bestimmten Motto, und der Mensch trägt eine passende (Ver-) Kleidung. Bei der Bewertung im Wettkampf wird nicht nur auf die korrekte Ausführung der Tricks geachtet, sondern die Harmonie zwischen Hund und Mensch muss stimmen, die Kür muss zur Musik passen und die Abläufe schön aufeinander abgestimmt sein.

Das Augenzwinkern ist ein sehr charmanter Trick.

Auch Cheyenne beherrscht schon so einige Kommandos, hier ist sie »traurig«.

Einem Australian Shepherd kann man mit etwas Geschick fast alles beibringen. Der Fantasie sind kaum Grenzen gesetzt.

Fährtenarbeit, Mantrailing, Verlorensuche

Bei der klassischen Fährtenarbeit geht der Fährtenleger vorher eine festgelegte Strecke ab. Der Hund sucht im Anschluss nach den Bodenverletzungen, die die Schuhe des Fährtenlegers verursacht haben – also nach geruchlichen Veränderungen im Boden, die beispielsweise durch umgeknickte Grashalme entstanden sind. Der Hund sucht hier nicht nach einer bestimmten Person, sondern er verfolgt die Spur am Boden, wobei er sich von der Spur, auf die er angesetzt wurde, nicht durch andere kreuzende, beispielsweise Wildspuren, ablenken lassen darf. Eine solche Fährte kann man als Besitzer auch selbst legen und später mit dem Hund gemeinsam absuchen. Die Anforderungen an die Hundenase sind hier im Vergleich zu anderen Suchleistungen nicht zu hoch, sodass man die Fährtensuche mit so gut wie jedem Hund üben kann, auch wenn er keine Spitzen-Nase hat. Zum Aufbau der Fährtenarbeit legt man noch in jeden Fußstapfen ein Leckerli, später findet der Hund dann nur noch am Ende der Spur seine Belohnung.

Anspruchsvoller und eine größere Herausforderung für die Riechleistung des Hundes ist das Mantrailing. Hierbei läuft eine bestimmte zu suchende Person voraus und versteckt sich irgendwo – im Ernstfall kann es auch sein, dass eine Person wirklich vermisst wird und der fertig ausgebildete Hund eingesetzt wird, um sie zu suchen. Der Hund bekommt eine Geruchsprobe dieses Menschen, beispielsweise ein von ihm getragenes T-Shirt, und verfolgt anschließend seine Geruchsspur in der Luft. Da die Geruchspartikel, die der Mensch beim Gehen absondert, vom Wind verweht werden und anderen Umwelteinflüssen ausgesetzt sind, wird der Hund beim Mantrailing keiner geradlinigen Spur folgen, sondern des Öfteren abweichen.

Das Mantrailing ist eine sehr spannende Beschäftigung mit dem Hund, die einen immer wieder darüber staunen lässt, zu welch enormen Leistungen die Hundenase fähig ist. Zudem ist es eine wunderbare Möglichkeit, den Australian Shepherd geistig auszulasten, denn die Nasenarbeit ist Hochleistungssport, der den Aussie stark fordert. Man braucht dafür keinen Hundeplatz und keine festen Trainingszeiten. Der einzige Haken am Mantrailing ist, dass man für den Aufbau eine Hilfsperson – und später auch noch weitere Personen – benötigt, die Lust und Zeit haben, sich regelmäßig zu verstecken und vom Hund finden zu lassen.

Eine weitere Variante der Nasenarbeit ist die Verlorensuche. Hierbei lässt man den Hund nach Gegenständen suchen, die den eigenen Geruch tragen, beispielsweise ein Handy oder Feuerzeug. Dies kann sehr praktisch sein, wenn man mal wirklich etwas verloren hat, und für den Aussie ist es eine schöne Beschäftigung, die ihn auslastet und bei der er zeigen darf, was alles in ihm steckt. Der Aufbau findet, wie bei allem, was wir unserem Hund beibringen, in mehreren Schritten statt, die ganz einfach beginnen und sich dann langsam steigern, damit der Hund immer ein Erfolgserlebnis hat.

Reitbegleithund

Seit Jahrzehnten werden Australian Shepherds als Reitbegleithunde gehalten. Die ersten Aussies kamen in den 1970er-Jahren mit der Westernreitszene nach Deutschland, und in diesen Kreisen fanden sie hierzulande ihre ersten Anhänger und Züchter. Aussies sind bei entsprechender Ausbildung auch vom Pferd aus gut lenkbar. Sie haben zudem eine angenehme Größe und große Ausdauer, die ihnen erlaubt, weite Strecken mitzulaufen. Wenn sie sich auf die Hinterbeine stellen, kommt der Reiter auch vom Pferd aus an das Hundehalsband, was durchaus praktisch sein kann. Der Aussie ist zudem klein genug, um unter Umständen – zum Beispiel wenn er sich unterwegs verletzt hat – auch auf dem Pferd mitgenommen zu werden.

Auch heute noch halten viele Pferdebesitzer Australian Shepherds und nehmen ihre Hunde auf Ausritte mit. Man sollte einen Aussie allerdings niemals Pferde hüten lassen, da die Verletzungsgefahr für den Hund durch Huftritte und auch für die Pferde, falls Panik entsteht, zu groß ist.

Hüten

Wie bereits eingangs erwähnt, leitet sich das Hüteverhalten ursprünglich aus dem Jagdverhalten ab. Wenn man überlegt, seinen Australian Shepherd für die Hütearbeit auszubilden, beispielsweise für die Arbeit auf dem eigenen Hof, sollte man auf jeden Fall folgende Punkte beachten: Die Hütearbeit ist kein Hundesport und Schafe oder andere Nutztiere sind keine Sportgeräte. Man muss sich der Tatsache bewusst sein, dass die Schafe, auch wenn sie Hunde gewöhnt sind, vor allem bei der Konfrontation mit einem noch unerfahrenen Hund nicht zu sehr belastet werden dürfen und dass man den Hund jederzeit unter Kontrolle haben muss. Bei der Arbeit an wehrhaften Tieren ist außerdem zu beachten, dass hier durchaus Gefahren für die Gesundheit des Hundes bestehen. Niemand sollte seinen Hund mal eben aus Spaß irgendwelche Tiere hüten lassen, schon gar nicht ohne

das Einverständnis des Besitzers dieser Tiere und auch nicht ohne eine sorgfältige Ausbildung.

Wie sieht nun die typische Arbeitsweise eines Australian Shepherds am Vieh aus? Jeder hat im Fernsehen schon einmal hütende Border Collies gesehen und hat ein bestimmtes Bild vor Augen. Daher möchte ich die Arbeitsweise der Aussies anhand der Unterschiede zum Border Collie erklären.

Australian Shepherds wurden im Gegensatz zu Border Collies niemals speziell für Schafe gezüchtet, sondern die Betonung lag immer auf der Vielseitigkeit der Hunde, was sich auf die vielen verschiedenen Nutztiere, die sie auf einer amerikanischen Farm hüten mussten, bezog – seien es Rinder, Ziegen, Enten, Gänse oder sogar Schweine. Ein gut veranlagter und sorgfältig ausgebildeter Aussie kann sich auf all diese Tiere einstellen.

Australian Shepherds arbeiten normalerweise nicht so geduckt wie Border Collies. Manche Aussies zeigen auch »Auge«, das heißt sie fixieren das Vieh, aber sie starren nicht die ganze Zeit, man nennt diese Arbeitsweise »loose eye«. Zusätzlich setzen sie sich, wenn nötig, durch harten Körpereinsatz durch. Sie arbeiten gerne eng am Vieh – man muss ihnen erst beibringen, bei flüchtigen Tieren einen größeren Abstand zu halten und die Tiere in weiten Kreisen zu umrunden. Während Bor-

der Collies dies meist instinktiv tun, widerstrebt Aussies oft ein größerer Abstand zum Vieh. Sie müssen während der Ausbildung lernen, dass sie vor allem Schafe und schnelle Tiere auf größere Distanz besser unter Kontrolle halten können. Man unterscheidet die sogenannten »Header«, also Hunde, die die Tiere überholen und von vorn stoppen, von den »Heelern«, das sind Hunde, die das Vieh von hinten lenken. Es gibt auch Aussies, die beide Arbeitsweisen beherrschen.

In Deutschland steigt in den letzten Jahren das Interesse an der Hütearbeit mit Australian Shepherds. Es werden Kurse und Seminare angeboten, in denen man lernen kann, wie man seinen Hund am Vieh ausbildet. In der Regel beginnt die Ausbildung an Schafen. Der Ausbilder stellt meist seine eigenen Schafe zur Verfügung, die er gut kennt und einschätzen kann und die den Umgang mit Hunden gewöhnt sind. Das ist wichtig, denn es gibt Schafe, die schon flüchten, wenn ein Hund sie nur einmal anschaut, und andere, die den Spieß umdrehen und den Aussie über die Koppel scheuchen. Beide Extreme eignen sich verständlicherweise nicht für einen Anfängerhund.

Ein guter Grundgehorsam des Aussies ist natürlich unabdingbar, bevor er das erste Mal mit den Schafen konfrontiert wird, damit er jederzeit kontrollierbar

Diese Hündin jagt nicht, sie hütet.
Die Körpersprache dieser beiden
Verhaltensweisen ist oft sehr ähnlich, da sie
einen gemeinsamen Ursprung haben.

Die Schafe sollen in den Anhänger gehen –
keine leichte Aufgabe für die Aussiehündin
Krabbe.

Dieser Welpe nimmt zum ersten Mal
Kontakt zu Nutztieren auf. Ob er sie später
einmal hüten wird?

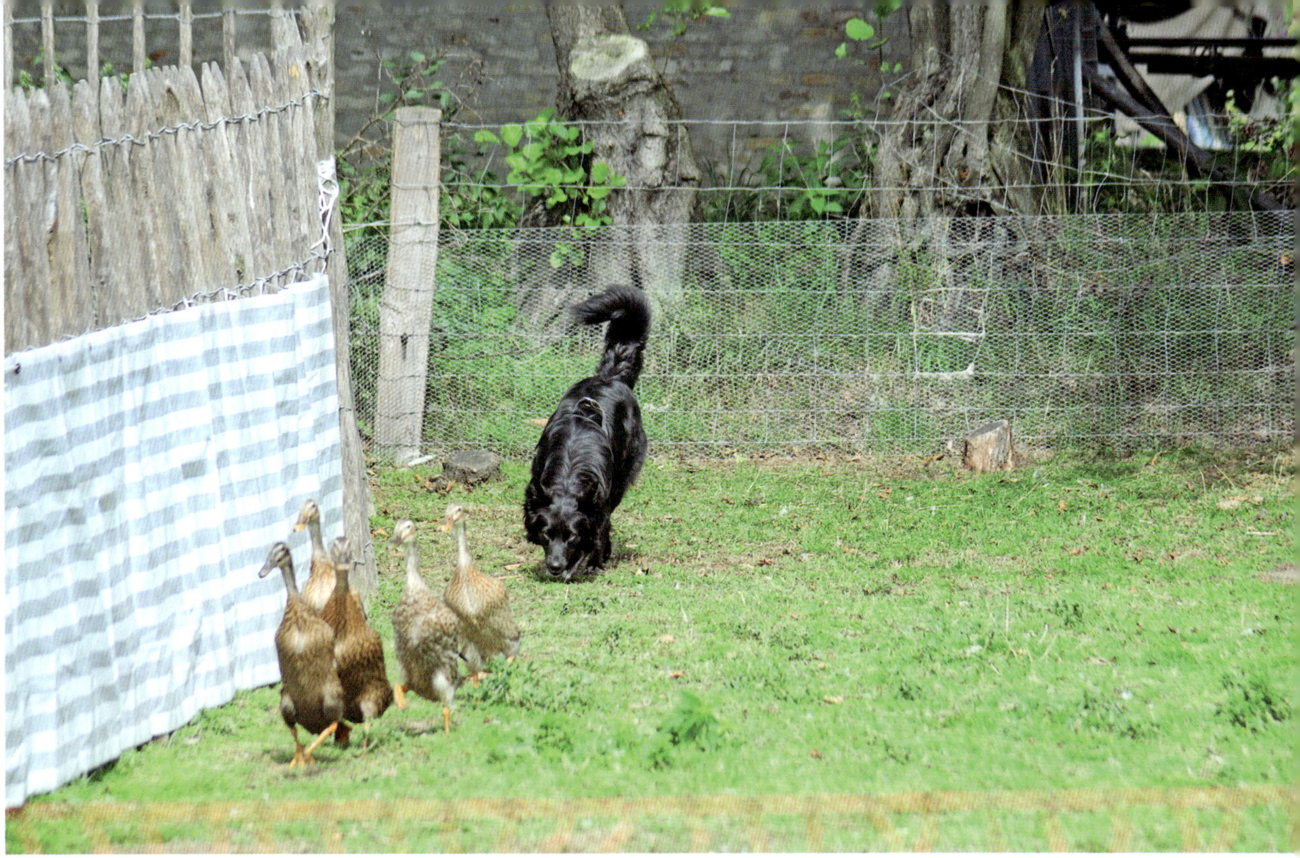

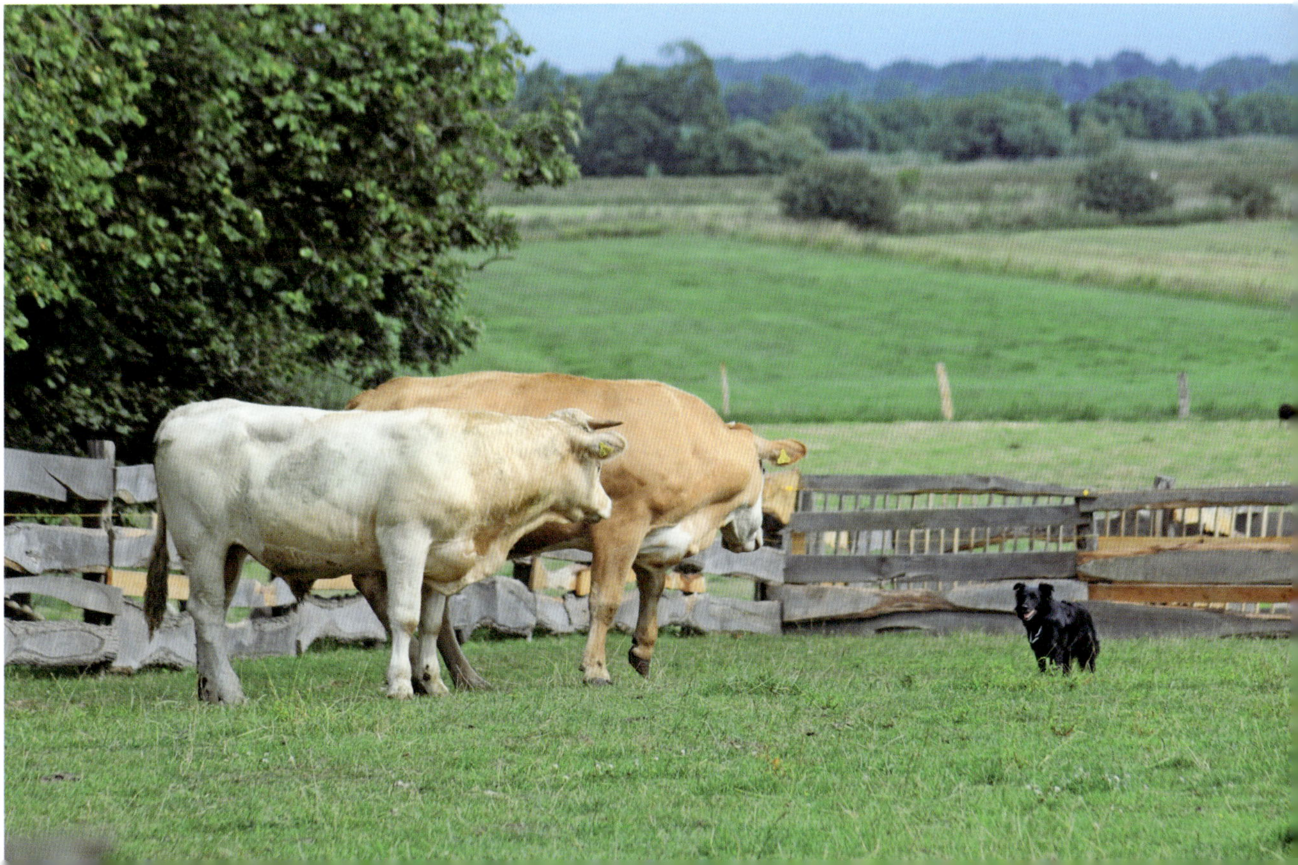

ist. Zusätzlich wird er bei seinen ersten Versuchen noch durch eine lange Leine gesichert. Man sollte mit dem Hüten auch nicht zu früh beginnen. Die meisten Trainer warten, bis der Aussie ein oder mehrere Jahre alt ist und eine solide Grundausbildung hat, bevor sie mit ihm das erste Mal an die Schafe gehen.

Zu Beginn der Ausbildung geht es meist in erster Linie darum, dem Aussie beizubringen, Abstand von den Schafen zu halten und ruhig und konzentriert zu arbeiten, ohne herumzuspringen und zu bellen. Später lernt der Hund dann Richtungskommandos, das Treiben vom Schäfer weg und das Bringen zum Schäfer hin, das Ein- und Auspferchen und vieles mehr. Den Instinkt und den Willen zum Arbeiten muss der Hund von sich aus mitbringen. Wenn er dies nicht hat und es auch nach mehrmaligen Versuchen nicht gelingt, sein Interesse zu wecken, dann wird es schwer, ihn für die Arbeit auszubilden. Ein instinktsicherer Aussie wird aber unter fachkundiger Anleitung und bei regelmäßigem Training sehr schnell begreifen, worum es geht.

Jeder Ausbilder hat seine eigene Methode, die natürlich dem einzelnen Hund und seinem Besitzer angepasst wird. Ich persönlich bin, wie in allen Bereichen der Hundeausbildung, eher für die ruhige und möglichst positiv gehaltene Arbeit. Viele unerfahrene Hunde geraten bei der Arbeit am Vieh schnell in Stress, was sich dann in aufgeregtem Verhalten und schlechter Kontrollierbarkeit äußert. Menschen neigen dazu, dieses Verhalten durch Strafe zu unterbinden, was die Frustration und das Stresslevel des Hundes aber nur noch steigert. Ich persönlich bevorzuge es, wenn irgend möglich, meinen Hund in so einem Moment ein Stück von den Schafen wegzuführen und zu beruhigen, um ihn wieder ansprechbar zu machen. Die Aufregung des Hundes kann sich auch steigern, wenn der Besitzer selbst noch unerfahren und nervös ist, hinzu kommt oftmals das Lampenfieber, wenn man auf einem Seminar von zwanzig weiteren Teilnehmern beobachtet wird, und dann laufen die Schafe auch noch in alle möglichen Richtungen, nur nicht in die gewünschte. Es ist verständlich, dass der Hund auch nicht konzentriert arbeiten kann, wenn er merkt, dass sein Besitzer gerade völlig überfordert ist.

Sehr gut gefallen hat mir die Hüte-Ausbildungsmethode, die Jeanne Joy Hartnagle-Taylor in ihrem Buch »All about Aussies« vorstellt. Sie betont, dass der Aussie die Arbeit am Vieh immer mit positiven Erfahrungen verbinden sollte. Eine falsche oder zu grobe Strafe kann ihrer Ansicht nach einen Hund mit guten Anlagen für immer verderben. Stattdessen plädiert sie für Geduld und kurze Übungseinheiten. Wenn der Aussie zu aufgeregt ist, unterbricht sie die Übung und gibt ihm Zeit, sich zu beruhigen.

Auch beim Hüten ist die Körpersprache des Besitzers sehr wichtig. Dem Hund müssen eindeutige Signale gegeben werden, damit er versteht, was von ihm erwartet wird, wobei die akustischen Signale, die der Hund in seinem weiteren Training lernt, nicht mit den körpersprachlichen in Widerspruch stehen dürfen. Wichtig ist, dass Hund und Mensch als Team zusammenarbeiten und sich aufeinander verlassen können. Ob man seinem Aussie dann Signale auf Zuruf oder verschiedene Pfiffe beibringt, ist zum einen Geschmackssache, und zum anderen hängt es mit der Weite des Gebietes zusammen, in dem man mit dem Hund später arbeiten möchte, denn die Pfiffe der Schäferpfeife sind in größerer Entfernung einfach präziser und akustisch leichter zu verstehen als gerufene Befehle. Es werden europaweit Hütetrials speziell für Australian Shepherds veranstaltet, auf denen man die Arbeit der Hunde bewundern kann. Sie starten gemäß des ASCA-Reglements in verschiedenen Leistungsklassen, wobei jeder Hund als Started (STD = Started Trial Dog) beginnt und sich dann über die Klasse Open (OTD = Open Trial Dog) bis hin zu Advanced (ATD = Advanced Trial Dog) jeweils an den einzelnen zu arbei-

Ein erster, vorsichtiger Kontakt mit den Schafen kann schon in jungem Alter erfolgen. Leistung darf man von einem Welpen natürlich nicht erwarten.

Die Hündin Luzi ist noch ein Anfängerhund. Sie lernt hier im Pferch, Abstand zu den Schafen zu halten.

Luzi will auf die falsche Seite laufen und wird körpersprachlich daran gehindert. Korrekt wäre es, wenn die Schafe genau zwischen Mensch und Hund liefen.

Eine Aussiehündin aus einer
amerikanischen Arbeitslinie wartet voller
Konzentration auf ihren Einsatz an den
Schafen.

Durch den Zaun, der die Schafe
umgibt, lernt der Australian Shepherd,
weite Kreise zu laufen und sich die
Richtungskommandos zu merken.

Bei einem Farm Trial gehört es zu den
Aufgaben, die Schafe auf einen Anhänger
zu verladen.

tenden Nutztierarten qualifizieren kann. Weiterhin gibt es noch die speziellen Wettbewerbsformen Farm Trial und Ranch Trial, die etwas andere Anforderungen an die Hunde und ihre Besitzer stellen als die regulären ASCA-Trials. Für die Erlangung des Titels Working Trial Champion (WTCH) muss ein Aussie sich an Schafen, Rindern und Enten gleichermaßen qualifiziert haben. Um auf Hütetrials Titel zu erlangen, muss der Aussie beim ASCA registriert sein. Man kann aber für Hunde aus VDH-Zucht die Registrierung beim AS-CA nachträglich beantragen. Informationen zum Hüten und Termine findet man auf der Internetseite des WEWASC (siehe Anhang).

Hunde-Jobs

Rettungshund

Die Rettungshundearbeit ist sehr anspruchsvoll. Sie kann sowohl für den Hund als auch für den Menschen extrem belastend sein, aber sie kann einen Aussie auch sehr glücklich machen, da es für ihn nichts Schöneres gibt als mit seinem Menschen gemeinsam einer sinnvollen Arbeit nachzugehen. Aussies eignen sich durch ihre mittlere Größe und ihr mittleres Gewicht und natürlich durch ihre enorme Ausdauer bei der Arbeit

meist gut für diesen Job.

Wichtig ist aber in erster Linie, dass der Besitzer sich den hohen Anforderungen, die mit der Rettungshundearbeit auf ihn zukommen, gewachsen fühlt. Wenn der Hund erstmal fertig ausgebildet ist, kommt die meist ehrenamtliche Arbeit auf einen zu, die sehr anstrengend sein kann. Dies ist nichts für Menschen mit schwachen Nerven. Oft muss man auf Abruf bereit sein und sich darauf einstellen, dass einen nach erfolgreicher Suche unter Umständen Menschen mit schlimmen Verletzungen oder sogar Leichen erwarten. Die Rettungshundearbeit ist nichts für Menschen, die nur aus Spaß an der Freude etwas mit ihrem Hund machen wollen. Man sollte diesen Job schon ernst nehmen, eine gute Portion Idealismus gehört dazu. Wenn diese Voraussetzungen geschaffen sind, dann werden Sie mit Ihrem Aussie durch diese Art der Arbeit mit Sicherheit zu einem ganz besonderen Team zusammenwachsen.

Therapiehund – Besuchshundedienst

Da Australian Shepherds typischerweise reserviert gegenüber Fremden sind, schätzen sie es meist nicht besonders, von fremden Menschen angefasst zu werden. Daher eignen

sie sich nicht für alle Tätigkeiten eines Therapie- oder Besuchshundes. Die Arbeit mit immer wechselnden Personen wird bei einem Aussie vermutlich nicht viel Begeisterung wecken und ihn unter Umständen sogar stark stressen.

Wenn man aber die Möglichkeit hat, immer dieselbe Person mit dem Aussie zu besuchen, dann kann diese Tätigkeit durchaus für alle Seiten positiv und bereichernd sein. Ein Aussie wird einen Menschen, den er einmal ins Herz geschlossen hat, immer fröhlich begrüßen und sich dann selbstverständlich auch anfassen lassen.

Das Vorführen und Einüben von Tricks gemeinsam mit der besuchten Person bringt allen Beteiligten Spaß und bietet kleine Erfolgserlebnisse.

Für den Einsatz als Therapiehund oder Besuchshund müssen Hund und Hundeführer in der Regel eine Ausbildung durchlaufen, die von verschiedenen Vereinen angeboten wird. Manche Vereine bieten die Ausbildung kostenlos an, während andere recht ansehnliche Preise für dieselbe Leistung fordern. Wie immer lohnt es sich zu vergleichen, sich im Internet zu informieren und mit aktiven Teilnehmern des Programmes zu sprechen. Vielleicht bietet sich auch die Gelegenheit, an einem Treffen der Teams teilzunehmen, um zu erfahren, wie die Arbeit abläuft.

Behindertenbegleithund

Die Hauptaufgaben eines Behindertenbegleithundes setzen sich aus verschiedenen Variationen von Apportierübungen zusammen. Außerdem kommen noch andere Aufgaben hinzu wie z.B. das Öffnen von Schubladen, das An- und Ausknipsen des Lichtes und vieles mehr, je nachdem wie eingeschränkt der Besitzer des Hundes in seinen Bewegungen ist.

Viele Aussies haben großen Spaß am Apportieren, es gibt aber durchaus auch Aussies, die daran einfach keinen Gefallen finden. Man kann schon im Welpenalter testen, ob der Hund Spaß an den Aufgaben hat, und dies gezielt fördern.

Durch ihre Größe und ihre Arbeitsfreudigkeit eignen sich Aussies recht gut für diesen Job. Es sollte aber, vor allem bei der Auswahl eines jungen Aussies, zunächst ein Mensch ohne Handicap den Besitzer bei der Erziehung unterstützen, da Aussies als Junghunde oft extrem energiegeladen sind und zu Temperamentsausbrüchen neigen, mit denen ein körperlich behinderter Besitzer überfordert sein könnte. Unter Umständen wäre es sinnvoller, einen bereits erwachsenen und ruhigeren Aussie einzuarbeiten, der die stürmische Jugendzeit schon hinter sich hat. Erwachsene Hunde, die über den Tierschutz vermittelt werden, zeigen nicht unbedingt problematisches Verhalten. Manche haben einfach durch ungünstige Umstände ihr Zuhause verloren und freuen sich, wenn sie bei einem neuen Besitzer wichtige Aufgaben übernehmen dürfen.

Beschäftigungsmöglichkeiten

Auf dem täglichen Spaziergang bieten sich zahlreiche einfache Beschäftigungsmöglichkeiten, von Erziehungsspielen, Tricks und Training über Suchspiele, Klettern über Baumstämme und andere Hindernisse, Versteckspiele und vieles mehr. Lassen Sie Ihrer Fantasie freien Lauf. Ein spannender, mit Beschäftigung und Übungen angereicherter Spaziergang stärkt die Bindung des Hundes an Sie und sorgt dafür, dass er auch im Freilauf seine Aufmerksamkeit auf Sie richtet. Schließlich passieren zusammen mit Ihnen die tollsten Dinge.

Für junge, impulsive Aussies, die noch Selbstkontrolle üben müssen, eignen sich insbesondere ruhige Such- und Denksportspiele in allen möglichen Variationen sowie ruhiges Gerätetraining – sozusagen »Zeitlupen-Agility«. Dadurch lernen sie, sich zu konzentrieren und sich zu beherrschen, sie werden geistig ausgelastet und üben sich in Impulskontrolle. Das Finden eigener Lösungswege stärkt zudem das Selbstbewusstsein, und die enge Zusammenarbeit mit dem Besitzer fördert die Bindung und das gegenseitige Vertrauen.

Der Kreativität sind keine Grenzen gesetzt. Es gibt im Handel Intelligenzspiele für Hunde in verschiedenen Schwierigkeitsstufen. Der Hund soll hier versuchen, durch Hochheben, Verschieben, Drücken oder Ziehen über bestimmte Mechanismen an versteckte Leckerlis zu gelangen. Aussies lieben solche Herausforderungen.

Diese Spiele sind allerdings recht teuer, und wenn der Hund erst einmal weiß, wie es geht, dann ist die Spannung schnell weg. Viele dieser Spiele kann man sich aber mit etwas Kreativität aus Pappkartons, Papprollen, Keksschachteln und Ähnlichem selbst bauen. Sie sind dann zwar nicht so lange haltbar, aber immer wieder sehr günstig neu herzustellen und einfach zu variieren.

Suchspiele in verschiedenen Variationen reichen von der einfachen Suche versteckter Leckerlis im Haus oder Garten über die Suche nach Spielzeug, vielleicht in Kombination mit Apportieraufgaben, bis hin zu schwierigeren Suchaufgaben wie beispielsweise dem Auffinden eines bestimmten Duftes. Hierzu gehört auch die oben beschriebene Verlorensuche. Bücher mit vielen verschiedenen Anregungen zu diesem Themenkreis finden Sie im Literaturverzeichnis.

Bei diesem Spiel muss der Hund die Kegel anheben, um an die Leckerlis zu kommen. Für einen durchschnittlichen Aussie ist das keine intellektuelle Herausforderung, Spaß bringt es den beiden trotzdem.

Hier müssen die Leckerlis durch Schieber über gewundene Wege hinausbefördert werden. Luzi und Coffey haben bald herausgefunden, wie es geht.

Mehrhundehaltung

Ein Aussie bleibt selten allein – tatsächlich sind viele Aussiebesitzer mit mehreren Hunden unterwegs, und die meisten Australian Shepherds sind in der Gemeinschaft mit anderen Hunden sehr glücklich. Die Haltung mehrerer Hunde kann, wenn die Chemie zwischen ihnen stimmt, eine wirkliche Bereicherung sowohl für die Hunde als auch für die Menschen sein. Es sollte aber erwähnt werden, dass mehrere Australian Shepherds definitiv auch mehr Zeit und Geld kosten. Ich würde nicht empfehlen, mehr als zwei Hunde pro menschlicher Bezugsperson zu halten, denn dann hat man kaum noch die Möglichkeit, ihnen individuell gerecht zu werden – frei nach der altbekannten Regel: Es sollten nicht mehr Hunde im Haushalt leben als Hände zum Streicheln da sind. Jeder Hund hat seinen eigenen Charakter und seine eigenen Bedürfnisse. Der eine ist verfressen, der andere kuschelt lieber. Der eine braucht viel Action, der andere möchte seine Ruhe haben. Es ist wichtig, dem auch gerecht zu werden, ohne einen der Aussies zu vernachlässigen.

Wenn man Intelligenzspiele mit mehreren Hunden macht, ist es immer wieder überraschend, wie unterschiedlich ihre Lösungsstrategien sind. Gilt es zum Beispiel ein Leckerli aus mehreren ineinandergesteckten Schachteln her-

Soziale Fellpflege und gegenseitiges Putzen gehört bei Hunden, die zusammenleben und sich gegenseitig mögen, zum Alltag dazu.

Platz ist in der kleinsten Hütte – wenn man sich mag. Diese beiden haben sich gefunden.

auszuholen, dann stürzt sich der eine Hund darauf und reißt einfach alles kurz und klein, während der andere nur vorsichtig eine Lasche mit den Zähnen anhebt. Auch das Herausholen von Futter aus einem hohlen Spielzeug kann schon auf verschiedene Arten gelöst werden. Der eine Aussie schmeißt das Spielzeug in der Gegend herum, bis das Futter von selbst herausfällt, während der andere stundenlang auf dem Teppich liegt und versucht, es herauszulutschen.

Die Art und Schnelligkeit des Lernens können ebenfalls sehr unterschiedlich sein. Was für den einen Hund die beste Methode ist, muss für den anderen noch lange nicht so erfolgversprechend sein. Dies sind einige der Aspekte, die die Mehrhundehaltung jeden Tag aufs Neue interessant machen.

Es ist immer wieder spannend, die Interaktionen der Aussies zu beobachten, ihr Sozialverhalten und ihren Umgang miteinander, der mit der Zeit immer vertrauter wird. Hunde, die ein Team bilden, können sich gegenseitig sehr viel Zuneigung und Halt geben. Das ist wundervoll zu beobachten.

Die Schattenseite dieser engen Teambildung ist oft ein erhöhtes Aggressionspotenzial nach außen. Und: Wenn man sich zu einem unauffälligen Ersthund einen Pöbler als Zweithund dazuholt, dann ist die Wahrscheinlichkeit hoch,

dass der zuvor unauffällige Hund sich dem Pöbler anschließt und mitmacht – gemeinsam sind wir stark. Der umgekehrte Fall, dass der Pöbler sich das gute Verhalten des Ersthundes abguckt, tritt leider nur sehr selten ein. Zudem bewirkt der enge Zusammenschluss der Hunde auch, dass das Bedürfnis nach weiteren Sozialkontakten mit anderen Hunden sinkt – man braucht die anderen nicht, aber es bringt einen Heidenspaß, sie gemeinsam einzuschüchtern und zu verscheuchen. Es ist immer ratsam, seine Hunde nicht gemeinsam auf einen einzelnen entgegenkommenden Hund zulaufen zu lassen, sondern sie den anderen einzeln begrüßen zu lassen, damit der einzelne Hund keine Angst bekommt. Das beugt unangenehmen Situationen, Konflikten und vor allem Mobbing vor.

Wenn man sich einen Zweithund anschafft, sollte man sich vorher genau überlegen, ob man sich sowohl den finanziellen – hier geht es nicht nur um den Anschaffungspreis und das Futter, sondern auch um Steuern, Versicherung und Tierarztkosten – als auch den zeitlichen Mehraufwand langfristig leisten kann. Ein Zweithund, der noch Erziehung braucht, sollte in den ersten Monaten möglichst alleine ausgeführt werden, da es so gut wie unmöglich ist, einem Hund Leinenführigkeit beizubringen, während der zweite Hund ebenfalls an der Leine mitläuft. Da man

seinen Ersthund aber nicht vernachlässigen darf, bedeutet das, dass man entweder Unterstützung aus der Familie benötigt oder aber sehr viel Zeit investieren muss, um mit jedem Hund einzeln spazieren zu gehen und zu üben. Hier sind gute Planung und Management notwendig, damit keiner der Hunde zu kurz kommt und Sie als Besitzer nicht überfordert werden.

Wenn nun all diese Voraussetzungen stimmen und Sie sich in allen fraglichen Punkten sicher sind, dass es zu keinen Schwierigkeiten kommen wird, weil Ihre Familie Sie auf jeden Fall bei der Betreuung der Hunde unterstützen wird, Sie genug Platz und Zeit haben und auch Ihr Vermieter seine Zustimmung gegeben hat, und zudem Ihr erster Australian Shepherd bereits aus dem Gröbsten raus ist – dann steht dem Einzug des zweiten Aussies nichts mehr im Wege.

Pflege

Auch wenn er in jungem Alter noch keine besondere Pflege braucht, ist es doch wichtig, schon den Welpen liebevoll in kurzen Trainingseinheiten an die tägliche Pflege zu gewöhnen, damit diese Prozeduren für ihn später normal sind. In einer ruhigen Kuschelstunde können Sie den Welpen mit einer weichen Bürste vorsichtig bürsten, ihm kurz in die Ohren schauen, jede Pfote einzeln in die Hand nehmen, seine Lefzen vorsichtig anheben und so weiter. Alles immer nur ganz kurz und spielerisch. Es sollte gar nicht erst so weit kommen, dass der Hund sich wehrt. Falls er es doch tut, wenden Sie keinesfalls Zwang an, sondern lassen Sie ihn in Ruhe und versuchen es einfach später in einer ruhigen Situation nochmal, vielleicht diesmal mit einem Leckerchen als Belohnung fürs Stillhalten. Ganz langsam können die einzelnen Prozeduren dann verlängert werden, bis der Hund sich geduldig von Ihnen alle Körperteile untersuchen, in die Ohren schauen und die Zähne putzen lässt. Hierfür

ist Vertrauen nötig, und das kann man nicht mit Zwang erreichen. Seien Sie also ruhig und geduldig.

Das Haarkleid des Aussies ist pflegeleicht – einmal wöchentliches Bürsten reicht oft aus. Wenn der Aussie nach einem Spaziergang im Matsch getrocknet ist, kann man den Schmutz problemlos ausbürsten. Auch während des Fellwechsels sollte der Hund öfter gebürstet werden. Rüden, die in der Wohnung gehalten werden, haaren meist mehr oder weniger das ganze Jahr über. Hündinnen dagegen wechseln das Fell in Abstimmung auf ihren aktuellen Hormonsta-

Auch ein Welpe macht sich mal schmutzig. In die Badewanne muss er wegen so einer Lappalie nicht unbedingt.

tus: Der Fellwechsel vollzieht sich jeweils in der Zeit zwischen zwei Läufigkeiten. Der Zeitpunkt hängt von der jeweiligen Zykluslänge ab, die bei Aussies sehr unterschiedlich sein kann, denn so manche Hündin wird alle sechs Monate läufig, andere nur alle sechzehn Monate. Wenn eine Hündin Welpen hatte, haart sie einige Wochen nach der Geburt sehr stark ab. Man hat dann zuweilen den Eindruck, man hätte einen »Kurzhaar-Aussie« vor sich.

Die feinen Haare hinter den Ohren müssen ab und zu gekämmt werden, da sie leicht verfilzen. Man sollte diese auch etwas kürzen, wenn sie zu lang werden.

Nach einem Spaziergang im Regen muss der Hund gründlich mit einem Handtuch abgetrocknet werden. Aussies aus Showlinien haben meistens deutlich mehr und auch längeres Fell und feinere Haare, die bei einem Spaziergang mehr Schmutz aufsammeln und weniger pflegeleicht sind. Die Arbeitslinien haben oft etwas härteres und kürzeres Fell, das schneller sauber und trocken ist.

Baden muss man einen Aussie eigentlich nie, es sei denn, er hat sich in etwas Übelriechendem gewälzt. Für solche Eventualitäten bietet der Fachhandel gute Hundeshampoos, die die Fellstruktur nicht so sehr

Nach einem solchen Badespaß wird der Hund immer gut mit einem Handtuch abgetrocknet, damit er nicht auskühlt.

105

angreifen. Zu häufiges Baden kann den Hund anfällig für Erkältungen und Hautkrankheiten machen, da das Fell und die Haut dann zu trocken werden und nicht mehr ausreichend gegen Feuchtigkeit, Schmutz und Kälte schützen, und das Fell kann hierdurch an Glanz und Schönheit verlieren.

Wenn man einen Ausstellungsbesuch plant, muss man allerdings deutlich mehr Arbeit investieren als den Hund nur einmal durchzubürsten – das richtige Herrichten für die Ausstellung ist fast eine Wissenschaft für sich. Der Hund wird gebadet, das Fell wird an verschiedenen Stellen gekürzt und an anderen Stellen aufgebürstet, manche Züchter haben sich in dem Bereich zu wahren Künstlern entwickelt. Wenn Sie zum ersten Mal mit ihrem Aussie eine Ausstellung besuchen wollen, fragen Sie Ihren Züchter nach der richtigen Fellpflege. Es werden von den Vereinen auch spezielle Seminare angeboten, auf denen man lernen kann, wie der Aussie für die Ausstellung zurechtgemacht werden muss, um gegen die Konkurrenz bestehen zu können.

Augen, Ohren, Zähne, Pfoten und Krallen sollten regelmäßig kontrolliert werden. Die Augen sollten nicht gerötet oder verklebt sein, die Ohren sauber, die Zähne weiß und frei von Fremdkörpern,

die Ballen der Pfoten frei von Verletzungen und die Krallen nicht zu lang oder brüchig. Besonders die Daumenkrallen muss man ab und zu kürzen, da der Hund sich diese nicht beim täglichen Spaziergang ablaufen kann. Ansonsten ist es bei Hunden, die ausreichend Bewegung auf härteren Böden bekommen, selten notwendig, die Krallen zu kürzen. Beim Krallenschneiden ist es wichtig darauf zu achten, dass der Nerv in der Kralle nicht verletzt wird. Bei hellen Krallen ist der Nerv gut sichtbar. Bei Hunden mit dunklen Krallen ist dies nicht so leicht zu erkennen. Wenn Sie sich nicht sicher sind, lassen Sie die Krallen beim Tierarzt schneiden.

Für die Ohren gibt es beim Tierarzt spezielle flüssige Ohrreiniger, die kurz einmassiert und dann vom Hund ausgeschüttelt werden. Seien Sie vorsichtig mit Wattestäbchen! Durch deren Anwendung stopfen Sie den Ohrenschmalz regelrecht fest, sodass sich Ohrentzündungen entwickeln können. Verwenden Sie Wattestäbchen nur zur Reinigung des äußeren Ohres.

Die Zähne des Hundes kann man täglich mit einer speziellen Hundezahncreme aus dem Fachhandel putzen. Vor allem bei Hunden, die zu Zahnstein und Mundgeruch neigen, ist dies eine einfache und effektive Maßnahme. Die Hundezahncreme schmeckt den meisten Aussies sehr gut, so-

dass sie sich bereitwillig diesem täglichen Ritual unterziehen.

Manche Aussies haben häufig Probleme mit den Analbeuteln. Man bemerkt dies daran, dass der Hund sich in der Analgegend leckt oder beknabbert oder aber dass er trotz regelmäßiger Entwurmung auf dem Hinterteil herumrutscht (das sogenannte »Schlittenfahren«). Lassen Sie in dem Fall die Analbeutel von einem Tierarzt kontrollieren. Für den Hund können verstopfte und entzündete Analbeutel eine große Belastung des allgemeinen Wohlbefindens sein. Wenn Ihr Hund häufiger Probleme damit hat, können Sie sich auch von Ihrem Tierarzt zeigen lassen, wie man die Analbeutel entleert.

Vor allem in der wärmeren Jahreszeit muss der gesamte Hund regelmäßig auf Zeckenbefall untersucht werden. Empfehlenswert sind Spot-on-Präparate zur Vorbeugung gegen Zecken und Flöhe, diese sind auf der Basis verschiedener Wirkstoffe beim Tierarzt erhältlich. Nehmen Sie zuerst das generell am besten verträgliche Präparat und testen Sie seine Wirkung. Wenn Ihr Hund trotzdem Zecken mit nach Hause bringt, müssen Sie auf einen anderen Wirkstoff umsteigen, denn in manchen Gegenden Deutschlands scheinen die Zecken gegen einige Wirkstoffe bereits resistent zu sein.

Eine regelmäßige Entwurmung (im Normalfall etwa alle drei Monate – bei einem Hund, der Mäuse frisst oder von Flöhen befallen war, auch häufiger) gehört selbstverständlich zur normalen Pflege dazu.

Falls Sie eine Urlaubsreise planen, fragen Sie vorher unbedingt Ihren Tierarzt nach notwendiger Parasitenabwehr. Vor allem in den südlichen Ländern Europas wie Südfrankreich, Spanien oder Italien benötigt der Hund auf jeden Fall einen besonderen Schutz vor Sandmücken, die die gefährliche Leishmaniose übertragen, und ein besonderes Wurmmittel gegen Herzwürmer. Nehmen Sie die Gefahren, die dem Hund im Urlaubsland durch Parasiten drohen, nicht auf die leichte Schulter. Die Krankheiten, die ihn dort bedrohen, können lebensgefährlich sein und die Behandlung der Krankheiten ist zudem um einiges teurer und aufwändiger als die Maßnahmen zur Vorbeugung. Informationen zu den jeweiligen Einreisebestimmungen erfragen Sie am besten direkt beim Veterinäramt oder der Botschaft des jeweiligen Landes.

Luzi lässt sich gerne jeden Abend die Zähne putzen und besteht darauf, danach noch die Zahnbürste abzulecken.

Wie finde ich den Aussie, der zu mir passt?

Der Australian Shepherd ist in erster Linie ein Arbeitshund. Er wurde zwar immer mit Familienanschluss gehalten, aber er wurde nicht als reiner Familien- und Begleithund gezüchtet. Das sollte man immer bedenken.

Der Aussie ist seiner eigenen Familie gegenüber sehr loyal eingestellt. Die eigenen Kinder werden, wenn Hund und Kind miteinander aufgewachsen sind beziehungsweise ohne Zwang und mit vielen Rückzugsmöglichkeiten für den Hund einander angenähert wurden, in der Regel von dem Aussie sehr liebevoll und nachsichtig behandelt. Kein Hund wird mit dem Gütesiegel »Kinderfreundlichkeit« geboren, aber mit etwas Sachverstand und Umsicht ist ein Aussie ebenso gut an die eigenen Kinder zu gewöhnen wie die Vertreter anderer Hunderassen.

Aussies machen jeden Spaß mit. Sind Kinder in der Familie, gibt es aber bei dieser Rasse einiges zu beachten.

Australian Shepherds versuchen manchmal, Kinder, die sich schnell bewegen, zu kontrollieren, indem sie sie in die Hosenbeine oder Ärmel zwicken. Wenn man bereits den Ansatz dieses Verhaltens beim Welpen erkennt und konsequent abbricht, ohne dabei unnötig hart zu sein, dann wird dieses Problem sich innerhalb weniger Tage erledigt haben. Wie bei allen unerwünschten Verhaltensweisen sollte man es nicht so weit kommen lassen, dass es zur Gewohnheit wird,

denn dann wird die Korrektur weitaus schwieriger.

Selbstverständlich werden Hund und Kind niemals miteinander alleine gelassen. Vor allem Kleinkinder verstehen noch nicht, dass sie dem Hund wehtun, wenn sie ihn an den Ohren ziehen oder ihm in die Augen pieksen. Der Hund muss vor solchen Situationen bewahrt werden, damit er sich nicht genötigt fühlt, sich selbst gegen diese Übergriffe zu wehren. Kinder können ohne Absicht sehr grausam sein, auch noch im Schulkindalter. Hier ist der Erwachsene verpflichtet aufzupassen und dem Kind zu erklären, wie es sich richtig verhält. Unter dieser Voraussetzung können Aussies und Kinder eine wunderbare Freundschaft voller Vertrauen entwickeln.

Anders sieht es aus, wenn fremde Kinder zu Besuch kommen. Man darf nicht den Fehler machen zu glauben, dass der Aussie fremde Kinder genauso behandeln wird wie die der eigenen Familie. Ein Australian Shepherd unterscheidet sehr streng zwischen Familienangehörigen und Fremden. Der typische Aussie wird sich gegenüber fremden Menschen jeden Alters distanziert verhalten und vorsichtig annähern. Er erwartet dasselbe auch von seinem Gegenpart. Eine schnelle Annäherung durch ein fremdes Kind oder ein schnelles Greifen nach dem Fell des Aussies kann der Hund als unhöflich oder gar bedrohlich interpretieren und versuchen, sich zu wehren. Wenn der Aussie nicht durch seinen Besitzer vor solchen Situationen bewahrt wird, dann kann es sein, dass er zu der Überzeugung gelangt, fremde Kinder seien unheimlich.

Er wird dann versuchen, die Kinder im Haus zu kontrollieren, damit sie keine schnellen Bewegun-

gen machen und ihm nicht wieder zu nahe kommen. Oder er gibt sich Mühe, sie gar nicht erst ins Haus hineinzulassen. Es kann auch passieren, dass er versucht, die Kinder seiner eigenen Familie gegen die fremden Kinder zu verteidigen. Ein kleiner Streit zwischen den Kindern kann hier schon ausreichen, und der selbstständig handelnde Aussie sieht sich genötigt einzugreifen und »sein« Kind zu beschützen.

Dies ist ein für Hunde normales Verhalten. Beugen Sie vor, um Situationen dieser Art gar nicht erst entstehen zu lassen.

Es ist wichtig, Begegnungen des Hundes mit fremden Kindern, vor allem auf dem eigenen Grundstück – nicht zu vergessen, der Aussie ist ein territorialer Hund, der sein Grundstück gegen Fremde verteidigt – immer zu beaufsichtigen. Insbesondere wenn der Hund die Kinder noch nicht kennt, ist Vorsicht geboten. Niemals wird der Hund mit den Kindern alleine gelassen! Wenn man nicht dabei sein kann, wird der Hund zu seiner eigenen Sicherheit und zur Sicherheit der Kinder besser in ein Zimmer gebracht, zu dem die Kinder keinen Zutritt haben.

In einer turbulenten Familie, in der immer viel los ist, benötigt der Australian Shepherd unbedingt mindestens einen Rückzugsort, an dem er keinesfalls von den Kindern gestört werden darf. Außerdem ist es empfehlenswert, im Tagesablauf feste Ruhezeiten für den Hund einzuplanen, an denen er weiß, dass er gerade »nicht gebraucht« wird.

Ein Aussie ist im Grunde immer motivierbar, er ist für jeden Spaß zu haben und immer mit Feuereifer bei der Sache. Für die Kinder ist das natürlich sehr verlockend. Es liegt in der Verantwortung der Erwachsenen, dem Hund notfalls

Australian Shepherds haben oft ein starkes Bedürfnis danach, ihre Familie zu beschützen. Vor allem wenn Kinder im Haushalt leben, müssen die Eltern ein Auge auf den Hund haben, damit dies nicht zu einem Problem wird.

Dieser kleine Kerl braucht seine Ruhezeiten.
Kinder müssen lernen, dies zu akzeptieren.

Ruhezeiten zu verordnen und die Kinder in diesen Zeiten von ihm fernzuhalten, damit er nicht überdreht.

Es ist normal für einen Hund, einen Großteil des Tages zu verschlafen. Wenn der Aussie immer dabei und den ganzen Tag »in Aktion" ist, kann er sich zu einem hibbeligen, nervtötenden Hund entwickeln. Tägliche Entspannung ist auch beziehungsweise gerade für einen so aktiven Hund enorm wichtig.

Erwähnenswert ist zudem, dass viele Australian Shepherds ausgeprägte Ein-Mensch-Hunde sind. Das bedeutet, dass der Hund sich in der Familie eine Bezugsperson aussucht, mit der er am liebsten zusammen ist, der er sich am engsten anschließt und mit der er die meiste Zeit verbringt, sobald diese Person anwesend ist. Diese Bezugsperson, die sich der Hund ausgewählt hat, muss nicht zwangsläufig die Person sein, für die er ursprünglich angeschafft wurde. Es kann also beispielsweise sein, dass ein Aussie, der für die halbwüchsigen Kinder gekauft wurde, beschließt, dass die Frau des Hauses für ihn der Mittelpunkt seines Lebens ist, und sich weigert mit den Kindern spazieren zu gehen, wenn deren Mutter zu Hause ist. Dies vor dem Hundekauf zu wissen und sich darauf vorzubereiten kann einer Familie unter Umständen viele Kindertränen ersparen.

Showlinie – Arbeitslinie

Bei den Australian Shepherds – wie bei vielen anderen Arbeitsrassen auch – teilt sich die Zucht in Show- und Arbeitslinie, wobei viele Züchter die beiden Richtungen vermischen und auch die Definitionen nicht eindeutig sind. Manche definieren alle Hunde als Arbeitslinie, die nicht vorrangig im Hinblick auf die Show gezüchtet wurden und sich für vielseitige Aufgaben eignen, andere sehen nur Hunde als Arbeitslinie an, die wirklich am Vieh arbeiten und deren Eltern und möglichst auch Großeltern bereits erfolgreich am Vieh ausgebildet wurden und sich auf Trials qualifiziert haben. Es lohnt sich also genau nachzufragen, welche Definition der einzelne Züchter bevorzugt.

Die Zucht der Show-Aussies tendiert leider zum Teil in eine extreme Richtung. Man gewinnt manchmal den Eindruck, dass kaum darauf geachtet wird, was die Rassebeschreibung eigentlich aussagt. Australian Shepherd Rüden von der Statur eines Berner Sennenhundes mit Hängelefzen, die zum Sabbern neigen und mit extrem viel Fell oder Aussie-Hündinnen, die größere Köpfe und stämmigere Beine als die meisten Rüden haben, entsprechen definitiv nicht dem Standard, wie jeder nachlesen kann. Dennoch werden sie auf Ausstellungen oftmals vorzüglich bewertet. Immer wieder sieht man, dass gleich gute größere Hunde den kleineren vorgezogen werden, und ein moderates Fell, das laut Standard gefordert wird, gilt manchmal gar als Fehler. Somit

driften die Showlinien äußerlich immer weiter vom ursprünglichen Typ ab, und zu ausdauernder Arbeit sind viele aufgrund ihres kräftigen Körperbaus und des dicken Fells kaum noch fähig, zumal sie durch ihre starken Knochen nicht mehr wendig genug sind, um einem Huftritt auszuweichen, und ihnen bei längerer Aktivität schnell eine Überhitzung droht.

Statt auf die Arbeitsleistung achten manche Züchter vermehrt auf Familientauglichkeit und Menschenfreundlichkeit ihrer Hunde, was prinzipiell eine gute Idee ist, aber dem ursprünglichen Charakter des Aussies als Arbeitshund mit Territorial- und Schutzinstinkt widerspricht. Durch solche Zuchtbemühungen werden hübsche, nette Hunde produziert, und daran ist

Dieser junge Rüde, mit seinem bärenhaften Auftreten, ist dem Show-Typ zuzuordnen.

Die hier abgebildete eher zierliche und flinke Hündin ist vom Arbeits-Typ.

im Grunde auch nichts Verwerfliches – aber das sind dann streng genommen charakterlich keine Aussies mehr.

Es ist zugegebenermaßen eine schwierige Situation: Die einen Züchter möchten den Arbeitshund und den ursprünglichen Typ mit allem, was ihn ausmacht, erhalten – die anderen fragen sich mit Recht, ob dieser Typ überhaupt in unsere Umwelt und unseren Alltag passt und ob man die Rasse nicht etwas familientauglicher züchten kann. Nur was bleibt dann noch von dem besonderen Charakter und der ganz speziellen intensiven Ausstrahlung des Aussies übrig?

Zudem verschwinden die ursprünglichen Gene natürlich nicht einfach, manchmal »überspringen« sie nur eine Generation und tauchen dann wieder auf.

Auch aus den Showlinien gehen bisweilen sehr gute Arbeitshunde hervor. Hunde aus Showlinien oder Championzucht wurden oft generationenlang nur auf das Äußere hin gezüchtet. Sie können eine ausgeprägte Hüteveranlagung haben oder aber gar kein Interesse am Vieh. Hier ist in der Hinsicht alles möglich, da einfach nicht daraufhin selektiert wurde und oft mehrere Generationen von Hunden gar nicht mehr zum Arbeitseinsatz am Vieh kamen, man also einfach nicht getestet hat, ob das Potenzial noch vorhanden ist.

Das Risiko für Erbkrankheiten ist durch die Championzucht bei manchen Showlinien ein wenig höher als bei anderen. Hier lohnen sich eine ausgiebige Recherche und Gespräche mit mehreren voneinander unabhängigen Züchtern,

um sich vor dem Welpenkauf ausführlich über die Vorfahren zu informieren. Seien Sie aufmerksam und lesen Sie zwischen den Zeilen, da nicht jeder Züchter offen über Probleme in seinen Zuchtlinien spricht.

Aussies aus Showlinien erbringen oftmals beim Obedience oder anderen Hundesportarten eine hervorragende Leistung. Die Herkunft aus Showlinien ist keine Garantie dafür, dass die Aussies ruhiger und ausgeglichener sind, und auch der rassetypische Wach- und Schutzinstinkt macht sich bei Aussies aus Show-Zucht hin und wieder ebenso stark bemerkbar wie bei den Arbeitslinien. Wenn man einen Australian Shepherd sucht, der auf Ausstellungen Erfolg hat, dann ist man mit einem Hund aus einer Showlinie auf jeden Fall besser be-

Nur weil er eher dem Show-Typ zuzuordnen ist, heißt das nicht, dass er die rassetypischen Arbeitseigenschaften nicht hätte.

Früh übt sich, wer später im Showring glänzen will. Natürlich nur auf spielerische Art und Weise.

Aussies aus den Arbeitslinien entsprechen zwar meist dem Rassestandard, aber sie genügen oft nicht dem von den Ausstellungsrichtern gewünschten Schönheitsideal.

Schönheitschampion hin oder her – das Wichtigste ist doch, dass der kleine Kerl zu seinen neuen Besitzern passt.

raten. Der Züchter kann bereits Hinweise darauf geben, welcher Welpe sich vermutlich vielversprechend entwickeln wird.

Benötigen Sie hingegen einen Helfer auf dem Hof, der einen ausgeprägten Hüteinstinkt hat, ausdauernd arbeitet, gesund und wetterfest ist? Dann sollten Sie sich bei den Züchtern umhören, die immer noch Wert auf Arbeitsleistung legen.

Hunde aus der Arbeitslinie entsprechen oft nicht dem herrschenden »Schönheitsideal", das heißt, sie haben oft ein etwas härteres, kürzeres Fell, das im Sommer eine ausdauernde Arbeit ermöglicht, bei schlechtem Wetter sehr robust ist und überraschend schnell trocknet. Oft sind sie etwas kleiner und wendiger als Show-Aussies, es kommen häufiger einfarbige Hunde vor, und auch die Ohren sind nicht immer so perfekt angesetzt, einfach weil es bei einem Arbeitshund wichtiger ist, wie er arbeitet. Das Aussehen ist hier zweitrangig. In der Regel wird dagegen mehr auf die Gesundheit der Hunde geachtet, da nur ein gesunder Hund auch die entsprechende Leistung erbringen kann. Erbkrankheiten können aber natürlich auch bei diesen Hunden vorkommen.

Schließlich gibt es noch viele Züchter, die sich weder dem einen noch dem anderen Extrem verschreiben, sondern Show- und Ar-

beitslinie vermischen. Da die Gene natürlich nicht immer gleichmäßig verteilt werden und selten eine jeweils fünfzigprozentige Mischung aus beiden Elternteilen dabei herauskommt, sind diese Welpen besondere Überraschungspakete. Selbst unter Wurfgeschwistern sind die Unterschiede sowohl äußerlich als auch charakterlich oft groß. Der Züchter wird Sie bei der Auswahl des richtigen Welpen unterstützen, denn er kennt die Charakteranlagen seiner Welpen am besten.

Züchtersuche

Wenn man die Anschaffung eines Aussies plant und sich auf die Suche nach dem Züchter seines Vertrauens macht, ist zunächst die eigene Wohnsituation eine Überlegung wert: Manche Aussies sind recht bellfreudig, und zwar sowohl allgemein bei Aufregung als auch territorial motiviert. Haben die Nachbarn wirklich Verständnis, wenn der Hund jedes Geräusch im Treppenhaus pflichtbewusst meldet? Macht man dem Hund von Anfang an klar, was er melden darf und was nicht, dann bekommt man das Bellen meistens in den Griff. Die Neigung zum Bellen ist aber auch zum einen erblich, und zum anderen lernen die Welpen in der Umgebung des Züchters bereits sehr genau, wie viel gebellt und was alles gemeldet wird. Wenn die

Hunde des Züchters jedes am Fenster vorbeifliegende Blatt melden, können Sie sich relativ sicher sein, dass Sie einen bellfreudigen Aussie bekommen, da er sich dieses Verhalten schon als Welpe eingeprägt hat. Dann wird es schwierig, dem Hund das häufige Bellen wieder abzugewöhnen.

Fragen Sie den Züchter genau nach den Eigenschaften der Eltern und möglichst auch der Großeltern seiner Welpen und beobachten Sie die anwesenden Hunde.

Die häufig empfohlenen Welpentests sind übrigens nur dann aussagekräftig, wenn der Welpe lebenslang in derselben Umgebung – also beim Züchter – verbleibt und sich auch sonst wenig in seinem Leben ändert. Nach einem Umzug in ein neues Zuhause und der Änderung der Bezugspersonen kommen so viele äußere Einflüsse und Umweltfaktoren hinzu, dass es unmöglich ist, mit einem Welpentest beim Züchter eine definitive Aussage über das spätere Verhalten des erwachsenen Hundes zu treffen. Zwar ist schon beim Welpen angelegt, ob er tendenziell eher zurückhaltend oder forsch ist, aber welches Verhalten sich dann aus diesen Anlagen im Zusammenspiel mit der Umwelt entwickeln wird, das kann man kaum vorhersagen.

Die moderne Verhaltensforschung hat allerdings gezeigt, dass die Umwelt und die frühen

Erfahrungen des Hundes vor und nach seiner Geburt einen noch wesentlich größeren Anteil an der Entwicklung seines Charakters und seines Verhaltens haben als bisher angenommen. Das bedeutet, dass sich Stress, den die Hündin während der Trächtigkeit und während der Aufzucht ihrer Welpen hat, sehr negativ auf die Stressresistenz der Welpen auswirkt. Im Umkehrschluss kann ein Züchter bereits während der Trächtigkeit dazu beitragen, dass die Welpen einen ausgeglicheneren Charakter bekommen und belastbarer werden, indem er der Hündin während der Trächtigkeit, der Geburt und der ersten Wochen, in denen die

In diesem Alter lernen die Welpen im Spiel miteinander viele wichtige Lektionen für ihr späteres Sozialverhalten.

Welpen da sind, viel Sicherheit und positive Erlebnisse bietet.

Eine ausgewogene Ernährung und angemessene Bewegung der Hündin sind ebenso wichtig wie die soziale Zuwendung durch den Züchter. Wenn die Welpen auf der Welt sind, werden sie in den ersten Lebenswochen hauptsächlich von der Hündin versorgt. Eine fürsorgliche, entspannte Mutterhündin, die ihren Nachwuchs liebevoll pflegt, trägt positiv zur Entwicklung der Welpen bei. In der ersten, besonders wichtigen sensiblen Phase, die etwa von der dritten bis zur zwölften Lebenswoche andauert, müssen die Welpen ihre späteren Sozialpartner, also in erster Linie

Eine fürsorgliche, liebevolle Mutterhündin legt das Fundament für die gute Entwicklung der Welpen.

Der Welpe lernt, dass es verschiedene Hunderassen gibt, die sich auch in ihren Kommunikationsmöglichkeiten stark unterscheiden.

Falls der Aussie später friedlich mit Katzen umgehen soll, sind Kontakte zu hundefreundlichen Katzen im Welpenalter Pflicht.

Menschen und Hunde, kennenlernen. Zunächst reicht die Familie des Züchters aus, um den Welpen ausreichend menschliche Kontakte zu bieten.

Etwa ab der fünften bis sechsten Lebenswoche sollten die Welpen dann in zunehmendem Maße Gelegenheit haben, ihre nähere Umwelt angstfrei zu erkunden, alltägliche Dinge im Haushalt und Garten kennenzulernen, ihre ersten Autofahrten gemeinsam mit der Mutter und den Geschwistern zu unternehmen und Menschen aller Altersgruppen mit unterschiedlicher Kleidung in wechselnder Umgebung mit vielen positiven Erfahrungen zu verknüpfen.

Kleine, ihrem Alter angemessene Herausforderungen sollten sie jetzt meistern dürfen, zum Beispiel kann der Welpenauslauf mit immer neuen Dingen angereichert werden, die die Welpen entdecken und ausgiebig erfahren können.

Ab der achten oder spätestens neunten Lebenswoche sollte der Welpe nun auch andere Hunde als seine Mutter und seine Geschwister kennenlernen, um deren unterschiedliche Kommunikationsweisen zu erfahren.

Selbstverständlich werden für solche Begegnungen nur sozial sichere und freundliche Hunde ausgewählt. Es ist leicht nachvollziehbar, dass beispielsweise ein Mops mit seiner gerunzelten Stirn, seinen hervortretenden Augen und seinem leichten Röcheln, das schnell als Knurren missverstanden werden kann, ganz anders kommuniziert als ein Aussie. Der Welpe muss jetzt lernen, dass auch Hunde unterschiedliche »Dialekte« sprechen, und dass nicht alles, was bedrohlich aussieht, auch so gemeint ist. Wenn ihm solche Erfahrungen in der Welpenzeit fehlen, wird es ihm später schwerfallen, gelassen auf fremde Hunde zuzugehen.

Wenn Sie Ihren Welpen vom Züchter abgeholt haben, gönnen Sie ihm allerdings zunächst eine ruhige Eingewöhnungszeit von etwa einer Woche, in der er sein neues Zuhause und seine Menschen kennenlernen darf. Der Umzug ins neue Heim ist für den Welpen

Das Element Wasser wird hier mit viel Spaß kennengelernt.

Ein Ausflug in den Wildpark ist für diese kleine Red Merle Hündin eine aufregende Unternehmung. Vor Überforderung muss der Welpe allerdings bei solchen Aktivitäten geschützt werden.

Kontakt mit sozial sicheren fremden erwachsenen Hunden ist in diesem Alter genauso wichtig wie der mit Gleichaltrigen.

sehr anstrengend und belastend. Er sollte zunächst zur Ruhe kommen dürfen, bevor Sie mit der schon beim Züchter begonnenen Umweltgewöhnung und Sozialisation fortfahren.

Besonders wenn die Welpen über die neunte Lebenswoche hinaus beim Züchter verbleiben, was durchaus manchmal vorkommt, hat dieser die enorm große Verantwortung für die Sozialisation seiner Nachzucht zu tragen. Das soziale Lernen ist nach der zwölften Lebenswoche nicht abgeschlossen, es findet lebenslang statt, aber in dieser ersten sensiblen Phase sind die Welpen ganz besonders empfänglich für die Sozialisierung und auch für die Umweltgewöhnung. Was in dieser Zeit verpasst wurde, kann später nur sehr langsam und mühselig nachgeholt werden.

Dabei ist es wichtig, dass der Hund alle Erfahrungen als positiv empfindet. Überforderung kann ebenso negative Folgen haben wie schlechte Erfahrungen – oder gar keine. Bei extrem reizarmer Umgebung im Welpenalter, zum Beispiel wenn die Welpen in einem Zwinger fast ohne Menschenkontakt aufwachsen, können unter Umständen sogar unumkehrbare Verhaltensstörungen entstehen. Unsicheren und unzureichend sozialisierten Junghunden, die erst mit drei bis vier Monaten oder noch später in ihr neues Zuhause umziehen,

Süß sind sie alle, und dieser Wurf stammt von einem guten Züchter. Aber es gibt durchaus auch schwarze Schafe, prüfen Sie daher die Zuchtstätte genau.

fällt der Besitzerwechsel besonders schwer. Beim Züchter fielen diese Junghunde meist durch ausgesprochen freundliches und angenehmes Verhalten auf, denn im heimischen Familienverband mit ihrer Mutter im Hintergrund fühlten sie sich sicher. Im neuen Zuhause ändert sich dies jedoch schlagartig, der junge Hund wird durch die neue Umgebung und die vielen fremden Dinge völlig überfordert und gerät in großen Stress, der sich dann in problematischem Verhalten äußern kann. Beim Australian Shepherd resultieren die häufigsten unerwünschten Verhaltensweisen tatsächlich aus Unsicherheit oder Ängstlichkeit.

Seien Sie besonders aufmerksam bei der Auswahl Ihres Züchters. Um einen guten Züchter zu finden, konsultieren Sie am besten die Homepages und die Welpenvermittlungen der verschiedenen Vereine. Sehen Sie sich mehrere Züchter an – möglichst wenn noch keine Welpen da sind, um nicht durch die süßen Wollknäuel in der objektiven Beurteilung beeinflusst zu werden.

Kaufen Sie keinesfalls einen Welpen bei einem Massenzüchter, auch nicht aus Mitleid. Jeder verkaufte Welpe sichert einem solchen Geschäftemacher seine Existenz und führt zu weiterem

Hundeelend. Einen Massenzüchter erkennt man beispielsweise daran, dass er das ganze Jahr über in Zeitschriften und Zeitungen inseriert und immer Welpen anzubieten hat, oftmals mehrere Rassen gleichzeitig. Auch auf der Homepage eines solchen Züchters werden oft mehrere Rassen und bisweilen auch kuriose Mischungen aus diesen Rassen angeboten. Manchmal werden die Hunde besonders günstig abgegeben. Nicht immer aber erkennt man auf den ersten Blick einen unseriösen Züchter. Stellen Sie daher viele Fragen, verlangen Sie Einsicht in alle Papiere, lassen Sie sich die Mutter und nach Möglichkeit auch den Vater der Welpen zeigen und überzeugen Sie sich davon, dass die Hunde gut gepflegt sind und im Haus bei der Familie leben.

Ein guter Züchter wird auch Ihnen viele Fragen stellen und Sie auf Herz und Nieren prüfen, denn ihm liegt es am Herzen, dass seine Welpen ein wirklich gutes Zuhause finden. Er wird Ihnen offen sagen, wenn er der Meinung ist, dass ein bestimmter Welpe, den Sie gerne haben möchten, vielleicht zu aktiv oder zu unsicher für Ihren Haushalt ist, denn er kennt seine Welpen und weiß ihre Charaktere einzuschätzen. Ein guter Züchter wird Ihnen auch nach der Vermittlung jederzeit bei auftauchenden Fragen zur Verfügung stehen, und er möchte wissen, wie es Ihrem Hundekind in seinem neuen Zuhause geht.

Rüde oder Hündin und das Thema Kastration

Ob man sich für einen Rüden oder eine Hündin entscheidet, ist eine reine Geschmacksfrage. Man kann gerade beim Australian Shepherd nicht behaupten, dass Rüden allgemein weniger sensibel oder weniger führig wären als Hündinnen. In dieser Hinsicht sind der persönliche Charakter, die Erfahrungen und die Erziehung des einzelnen Hundes weitaus bedeutender als die Geschlechtsunterschiede.

Rüden sind in der Regel etwas größer und entwickeln auch mehr Fell als Hündinnen. Oft markieren sie draußen häufiger und an höher gelegenen Stellen, aber es gibt durchaus auch Hündinnen, die an jeder Ecke ihr Bein heben und markieren.

Hündinnen werden ein- bis zweimal im Jahr läufig, in dieser Zeit muss man gut auf sie aufpassen und unter Umständen aufdringliche Rüden verscheuchen. Man sollte dann einige Wochen lang Hundeauslaufgebiete meiden und besser wenig frequentierte Wege gehen. Zu Hause kann man die Hündin problemlos daran gewöhnen, in dieser Zeit eine Hose zu tragen, um Flecken auf dem Teppich zu vermeiden.

Auch Aussierüden sind oft sehr sensibel und umgänglich.

Eine frühe Kastration hemmt bei einem Australian Shepherd als typischem Spätentwickler die normale Entwicklung und kann Verhaltensprobleme durchaus dauerhaft verstärken.

Ein Rüde dagegen ist das ganze Jahr über bereit, eine Hündin zu decken. Auch auf ihn muss man gut aufpassen und ihn sofort anleinen, wenn man einer läufigen Hündin begegnet. Es wäre grob fahrlässig, es dem Besitzer der läufigen Hündin zu überlassen, Ihren Rüden abzuwehren.

Erlaubt man seinem Hund, sich im Garten zu erleichtern, sieht man vor allem bei sonnigem Wetter mit der Zeit deutlich, wo eine Hündin Urin abgesetzt hat, denn an diesen Stellen wird das Gras heller. Der Urin von Rüden hat keine solche unschöne Wirkung.

Wenn Sie die Wahl zwischen einem Rüden und einer Hündin haben, entscheiden Sie sich für den Hund, der Ihnen vom Charaktertyp her am besten gefällt. Viele Hundebesitzer stehen irgendwann vor der Frage, ob sie ihren Hund kastrieren lassen sollen. Vielleicht wurde ihnen sogar dazu geraten, weil der Hund unerwünschtes Verhalten zeigt.

Die Kastration ist aber kein Allheilmittel gegen alle Probleme, die man im Zusammenleben mit einem Hund hat. Immer wieder treffe ich auf Aussiebesitzer, die ihren Hund so früh wie möglich

kastrieren ließen, in der Hoffnung, dass er dann ruhiger würde. Durch die Kastration haben sie aber genau das Gegenteil erreicht: Der Hund wird langsamer erwachsen werden, als es normalerweise der Fall wäre, weil ihm für diesen Prozess wichtige Hormone fehlen. Falls er dazu neigt, wird er auch länger in den typischen Unsicherheitsphasen der Jugendzeit verharren. Ein früh kastrierter Rüde wird eventuell Schwierigkeiten haben, anderen Hunden gegenüber Selbstbewusstsein zu entwickeln, und zum ewigen Mobbingopfer werden.

Bei der Hündin ist es dagegen

Wenn medizinische Gründe eine Kastration notwendig machen, ist diese natürlich unumgänglich.

Eine Kastration ist kein Allheilmittel bei Problemen mit dem Hund und sollte auf jeden Fall gut überlegt sein.

durchaus möglich, dass die Kastration sie aggressiver im Umgang mit anderen Hunden macht, weil in den weiblichen Hormonhaushalt eingegriffen wurde. Auch eine früh kastrierte Hündin wird nicht in normalem Tempo erwachsen werden und reifen.

Territorialverhalten, Ressourcenverteidigung und aus Unsicherheit resultierende Aggression werden durch die Kastration nicht reduziert. Vor allem bei Rüden kann eine Kastration sogar unsicheres Verhalten und daraus resultierende defensive Aggression verstärken.

Es gibt sicher wichtige medizinische Aspekte, die eine Kastration nahelegen oder sogar unumgänglich machen. Im Zweifelsfall besprechen Sie das bitte mit Ihrem Tierarzt, und holen Sie unter Umständen mehrere voneinander unabhängige Meinungen ein, denn auch die Tierärzte sind sich bei dem Thema Kastration manchmal nicht ganz einig. Aber aus verhaltensbiologischer Sicht würde ich gerade beim jungen Aussie in den meisten Fällen davon abraten, da die Kastration für diese Hunde, die sich als typische Spätentwickler in den ersten zwei bis drei Lebensjahren noch im Stadium des Erwachsenwerdens befinden, einen gravierenden Eingriff in die natürliche Entwicklung bedeutet.

Um zu testen, ob sich problematisches Verhalten eines erwachsenen Rüden durch eine Kastration möglicherweise bessert, kann man dem Rüden beim Tierarzt einen Hormonchip einsetzen lassen (die sogenannte chemische Kastration), der etwa sechs bis acht Monate wirkt.

Bedenken Sie bitte immer, dass eine Kastration ohne gravierende medizinische Gründe durch das Tierschutzgesetz verboten ist.

Vereine in Deutschland

Der »Australian Shepherd Club Deutschland e.V.« (ASCD) wurde als erster deutscher Verein im Jahr 1988 gegründet und gehört dem »Australian Shepherd Club of America« (ASCA) an. Die im ASCD gezüchteten Hunde erhalten daher ihre Papiere direkt aus Amerika, vom ASCA. Diese Hunde werden vom VDH nicht als Rassehunde anerkannt, nichtsdestotrotz sind es Aussies. Seit 1992 richtet der ASCD Conformation Shows und Obedience Trials aus. Die Kontrollen der Züchter und die Auflagen sind nicht so streng wie im VDH, dennoch sind einige sehr vorbildliche und verantwortungsbewusste Züchter diesem Verein angeschlossen. Züchter, die einem dem VDH angeschlossenen Verein angehören, werden strenger kontrolliert als andere. Das bedeutet aber nicht, dass alle, die nicht unter dem VDH züchten, schlecht sind. Verantwortungsbewusstsein lässt sich nicht an einem Verein festmachen.

Wie bereits im Kapitel über die Geschichte der Rasse erwähnt, wurde der Australian Shepherd erst im Jahr 1996 von der FCI vorläufig als Rasse anerkannt. Somit war es in Deutschland bis zu diesem Zeitpunkt nicht möglich, unter dem großen deutschen Dachverband und Vertreter der FCI, dem »Verband für das Deutsche Hundewesen e.V.« (VDH), Australian Shepherds zu züchten. Der erste Wurf Australian Shepherds mit VDH-Papieren fiel im Jahr 1996. Es gab damals noch keinen eigenen vom VDH anerkannten Zuchtverein für Australian Shepherds in Deutschland. Im Jahr 2001 wurde daher die »Interessengemeinschaft Australian Shepherd e.V.« gegründet, mit dem Ziel, einen

zuchtbuchführenden Verein für Australian Shepherds unter dem Dach des VDH zu etablieren. Diese Interessengemeinschaft wurde in Form des »Club für Australian Shepherd Deutschland e.V.« (CASD) am 1. November 2004 der erste zuchtbuchführende Verein für Australian Shepherds unter dem VDH. Die Züchter im CASD haben vergleichsweise hohe Auflagen zu erfüllen, sie müssen vor ihrem ersten Wurf ein Neuzüchterseminar belegen, die Zuchtstätten werden vor dem ersten Wurf und auch später regelmäßig kontrolliert und die Würfe begutachtet. Die Welpen erhalten CASD/VDH-Papiere.

Im April 2010 wurde durch einige langjährige Züchter, darunter ehemalige Gründungsmitglieder des CASD e.V., die »Australian Shepherd Hütehunde Zuchtgemeinschaft e.V.« (ASHZG) ins Leben gerufen. Die ASHZG strebt so bald wie möglich die Anerkennung durch den VDH an, sodass dort ebenfalls die Zucht nach den strengen Richtlinien und unter den kontrollierten Bedingungen des VDH erfolgen kann. Die Zielsetzung dieses neuen Vereins ist, unter den deutschen Züchtern der verschiedenen Richtungen (Showlinie, Arbeitslinie und alle dazwischen liegenden Bereiche) ein einvernehmliches Miteinander herzustellen. Aussies der Arbeitslinien, die zwar dem Standard entsprechen, aber auf Shows kein

überdurchschnittlich gutes Ergebnis erzielen, sollen in diesem Verein die Möglichkeit bekommen, sich durch Leistung im Hüte- oder im Sportbereich auszuzeichnen und dadurch ihr Gesamtergebnis aufzuwerten. Es werden aber auch die Showlinien nicht ausgegrenzt, sondern alle Züchter sollen an einem Strang ziehen, wobei das Hauptaugenmerk auf der Gesundheit und dem Wohl der Rasse Australian Shepherd liegt.

Für den am Vieh arbeitenden Aussie ist in Deutschland der »Western Europe Working Australian Shepherd Club e.V.« (WEWASC) zuständig. Der WEWASC ist kein Zuchtverein, er hat aber auf seiner Homepage eine Welpenvermittlung und Deckrüdenvorstellung. Hier dürfen sich nur Züchter eintragen, deren Hunde wirklich am Vieh arbeiten. Der WEWASC bietet in erster Linie Infos rund um den arbeitenden Australian Shepherd sowie Seminare und Trials an.

Die Adressen der einzelnen Vereine finden Sie im Anhang.

Notvermittlung

Die Australian Shepherd Notvermittlung ist im Internet unter www.notaussies.de zu finden. Hier sind manchmal ältere Aussies in der Vermittlung, die durch unglückliche Umstände ihr Zuhause

verloren und die ganz wundervolle Charaktere haben.

Viele der hier zur Vermittlung freigegebenen Hunde sind aber auch im typischen Aussie-Flegelalter – also jünger als drei Jahre – und wurden wegen problematischen Verhaltens abgegeben. Oftmals entwickeln sich diese Hunde in den Händen eines Besitzers, der Erfahrung mit der Rasse und viel Einfühlungsvermögen hat, zu ganz großartigen Begleitern. Man braucht bei ihnen aber durchaus starke Nerven, viel Geduld und Verständnis, um dies zu erreichen.

Es lohnt sich auf jeden Fall, auf dieser Plattform einmal vorbeizuschauen, wenn man auf der Suche nach einem Aussie ist. Man sollte aber niemals einen Hund aufgrund seines Aussehens auswählen, sondern sich selbstkritisch fragen, ob man wirklich imstande ist, mit den in der Beschreibung des Hundes vielleicht geschilderten Schwierigkeiten zu leben, mit dem Hund gemeinsam daran zu arbeiten und ihm trotz eventuell auftauchender Probleme ein liebevolles Zuhause für den Rest seines Lebens zu bieten.

Aussies aus der Notvermittlung brauchen manchmal noch Erziehung und viel Geduld, aber sie haben alle eine neue Chance verdient.

Termine für Hütetrials und Seminare findet man im Internet.

Mini-Aussie und Toy-Aussie

Der sogenannte Mini-Aussie, der als »die neue Rasse« vermarktet wird, ist im Prinzip ein kleinerer Aussie. Es wurden hier immer besonders kleine Exemplare normaler Aussies miteinander verpaart, was dazu führte, dass die »Minis« tendenziell etwas kleiner sind als die normalen Aussies – es gibt aber auch einige »Mini-Aussies«, die durchaus Normalgröße haben. Das ursprüngliche Zuchtziel war ein Aussie, der etwas kleiner war als die im Standard vorgeschriebene Größe, der sich aber charakterlich nicht von den Großen unterschied, dieselben Eigenschaften aufwies und auch zu der gleichen Arbeitsleistung fähig war. Die große Nachfrage nach Minis führte leider zunächst in Amerika und in den letzten Jahren auch in Deutschland bereits dazu, dass Massenzüchter diese Variante für sich entdeckten, was den Hunden nicht gerade gut tat. Die Mini-Aussies haben dieselben Erbkrankheiten wie die großen Aussies, allerdings können unter Umständen noch einige durch die Zucht auf die geringere Größe bedingte Defekte hinzukommen. Der Mini-Aussie ist keine FCI-anerkannte Rasse.

Der sogenannte Toy-Aussie, den man ab und an trifft, ist eine Kreuzung zwischen Aussies und Zwergrassen wie z.B. Chihuahua. Der Toy-Aussie ist also kein Aussie, sondern ein Mischling.

Mit der Einkreuzung von Zwergrassen erbt der Toy-Aussie auch sämtliche typischen Gesundheitsprobleme, die diese Rassen haben. Viel mehr noch als bei den Mini-Aussies kommen hier die gesundheitlichen Probleme der Zwergrassen, wie Patella-Luxation, hervorstehende und daher sehr empfindliche Augen und schiefe Zähne, um nur einige Beispiele zu nennen, zum Tragen.

Mini-Aussies sind ein wenig kleiner als die »normalen« Australian Shepherds, besitzen aber die gleichen Rasseeigenschaften.

Toy-Aussies sind Mischlinge aus Australian Shepherd und verschiedenen kleinen Hunderassen.

Erbkrankheiten

Der Australian Shepherd ist im Grunde eine robuste und im Vergleich zu anderen relativ gesunde Rasse, wobei es hier Unterschiede gibt, wenn man die verschiedenen Zuchtlinien betrachtet. Die Arbeitslinien wurden eher auf Gesundheit selektiert, da sie Leistung erbringen mussten. Ein Schönheitschampion dagegen, der seinem Züchter Ruhm und Ehre einbringt, wurde in der Vergangenheit aus rein menschlichen Gründen so manches Mal weiter zur Zucht eingesetzt, obwohl bereits bekannt war, dass er Träger einer Erbkrankheit war.

Das heißt aber nicht, dass alle Hunde aus Arbeitslinien frei von Erbkrankheiten sind, auch dort kommen die typischen Probleme vor, tendenziell allerdings erwiesenermaßen seltener als bei den Showhunden. Erbkrankheiten treten in jeder Hunderasse auf. Die Gene, die die Erbkrankheiten verursachen, sind meist auch in einer gemischten Hundepopulation vorhanden, sie kommen oft erst durch Inzucht und Linienzucht zum Vorschein, da sich dadurch die »versteckten« Gene manifestieren. Ohne Inzucht (Kreuzung eng verwandter Tiere wie Wurfgeschwister oder Vater und Tochter) und Linienzucht (Kreuzung etwas weiter verwandter Tiere, z.B. Onkel mit Nichte) wäre die Entstehung einer Rasse mit einem einheitlichen Erscheinungsbild und Charakter kaum möglich. Es gibt Befürworter und Kritiker der engen Zucht. Durch Inzucht entstehen keine Erbkrankheiten, es kommen lediglich die Träger der kranken Gene zum Vorschein. Wenn keine solchen Gene vorhanden sind, dann werden in einer ingezüchteten Population auch die entsprechenden Krankheiten nicht vorkommen. Allerdings ist unbestritten, dass generell eine gewisse genetische Vielfalt notwendig ist, um ein gutes Immunsystem auszubilden. Daher ist es notwendig, immer wieder nicht verwandte Hunde einzukreuzen. Beim Australian Shepherd war die Zuchtbasis ursprünglich im Vergleich zu anderen Rassen relativ breit und somit die beste Voraussetzung für Gesundheit und Vitalität geschaffen.

Durch die in den letzten Jahrzehnten oft erfolgte Championzucht – also übermäßig häufigen Zuchteinsatz bestimmter Hunde, die auf Rassehundeshows viele Preise gewannen – wurde der Inzuchtgrad bei vielen Aussies stark erhöht, ohne dass ausreichend darauf geachtet wurde, dass diese bestimmten Hunde auch wirklich gesund waren. Auch in Deutschland gibt es aktuell in den Vereinen keine Begrenzung für den Deckeinsatz von Rüden. Das heißt, ein beliebter Rüde darf so viele Nachkommen zeugen wie es die Nachfrage erfordert. Wird ein Rüde in einer Hundepopulation überdurchschnittlich oft eingesetzt, spricht man vom »Popular Sire«.

Es werden in Zukunft sehr viele Hunde mit diesem Rüden verwandt sein, was insgesamt auch wieder den Verwandtschaftsgrad der Hunde der kommenden Generationen erhöht, da die Zuchtbasis durch den häufigen Einsatz dieses Rüden verkleinert wurde. Wenn dieser bestimmte Rüde Träger eines Gendefektes war, dann kann ein solches Vorgehen in einer Katastrophe münden.

Als Arbeitshund sollte der Australian Shepherd eine robuste Gesundheit haben. Verantwortungslose Zucht hat allerdings auch bei dieser Rasse in den letzten Jahrzehnten einige Probleme verursacht.

Epilepsie

Epilepsie, die vor 30 Jahren bei Aussies noch recht selten auftrat und damals noch eine geringfügige Rolle spielte, ist leider inzwischen ein nicht mehr zu verleugnendes Problem in der Australian Shepherd Zucht geworden. Natürlich darf man jetzt nicht glauben, jeder zweite Aussie bekäme im Laufe seines Lebens epileptische Anfälle, aber es ist alarmierend, wie stark die Krankheitsrate allein im letzten Jahrzehnt angestiegen ist. Im Jahr 2006 ging C.A. Sharp, die Vorsitzende des »Australian Shepherd Health And Genetics Institute« (ASHGI), davon aus, dass in den USA mindestens vier Prozent der Australian Shepherds von idiopathischer bzw. primärer, also erblicher, Epilepsie betroffen waren. Das hört sich nicht nach sonderlich vielen Hunden an, bedeutet im Umkehrschluss aber, dass vermutlich etwa ein Drittel der Hunde Träger von Epilepsie-Genen war und diese hätte vererben können, wenn alle diese Hunde zur Zucht verwendet worden wären. Damit ist die Epilepsie aktuell die am weitesten verbreitete und aufgrund der Schwere des Krankheitsbildes am meisten gefürchtete Erbkrankheit beim Australian Shepherd.

Die primäre Epilepsie ist nicht heilbar und kann zum Tode führen. Epileptische Anfälle sollten nach Möglichkeit medikamentös

unterdrückt werden, da sie sich sonst verschlimmern können. Die Medikamente wirken aber nicht bei allen Hunden gleich gut. Ein Anfall beginnt plötzlich und kann unterschiedlich lang dauern und verschiedene Schweregrade haben, bis hin zu starken Muskelkrämpfen, begleitet von Speicheln sowie Harn- und Kotabsatz.

Der Erbgang, über den diese schwere Krankheit vererbt wird, ist noch nicht bekannt, obwohl sich bereits mehrere Forschungsprojekte weltweit mit der Epilepsie beim Australian Shepherd beschäftigen. Der Erbgang ist aber eindeutig nicht dominant, das heißt, es sind immer Gene beider Elternteile beteiligt, wenn bei einem Aussie erbliche Epilepsie auftaucht. Es wird vermutet, dass bei Australian Shepherds verschiedene Gene beteiligt sind. Das bedeutet, dass ein Hund, der einige der Gene trägt, unter Umständen längere Zeit in der Zucht sein kann, ohne dass ein Epilepsie-Fall bei seinen Nachkommen auftritt, bis er irgendwann auf einen »passenden« Partner trifft, und erst durch dieses Treffen kommt die Krankheit bei den Nachkommen zum Ausbruch. Daher sind Testkreuzungen, die manchmal vorgenommen werden, um den Träger eines einfach rezessiv vererbten Gendefektes zu identifizieren, im Fall der Epilepsie nur wenig aussagekräftig.

Erschwerend für die Züchter kommt hinzu, dass die epileptischen Anfälle bei den betroffenen Hunden meist erst im Alter von etwa zwei bis maximal sieben Jahren erstmalig auftreten. Ein Hund kann also bereits jahrelang in der Zucht sein und zahlreiche Nachkommen gezeugt haben, die selbst auch wieder Nachkommen haben, bis bei ihm der erste Anfall auftritt.

Inzucht oder Linienzucht in epilepsiebetroffenen Familien sollte auf jeden Fall verhindert werden, da sie die Häufigkeit der Krankheitsfälle mit Sicherheit erhöht. C.A. Sharp betont, dass sie es aufgrund der schlimmen und für alle Betroffenen starken Stress verursachenden Folgen der Epilepsie, des manchmal tödlichen oder zumindest lebensverkürzenden Verlaufs dieser Krankheit und auch der nicht unerheblichen finanziellen Belastung einer Therapie für unverantwortlich hält, einen nahen Verwandten eines von Epilepsie betroffenen Australian Shepherds zur Zucht zu verwenden. Als nahen Verwandten bezeichnet sie die Eltern, Wurfgeschwister und die direkten Nachkommen.

Leider ignorieren das einige Züchter, andere wiederum informieren sich nicht ausreichend oder ihnen werden die nötigen Informationen vorenthalten. So mancher Züchter hat Angst vor schlechter Nachrede, wenn er zugibt, dass in seiner Nachzucht Epilepsie oder andere Erbkrankheiten festgestellt wurden – und nicht zu Unrecht, denn Züchter wurden schon mehrfach von anderen diskreditiert, und zwar sowohl in Deutschland als auch in den USA, nur weil sie offen über die bei Nachkommen ihrer Hunde aufgetretenen gesundheitlichen Probleme sprachen. Diese Zustände sind für eine verantwortliche Zucht nicht tragbar, aber leider entsprechen sie der Realität.

Es wurden und werden nachweislich immer wieder Verpaarungen mit Hunden vorgenommen, aus deren direkter Verwandtschaft bereits mehrere Epilepsie-Fälle bekannt sind. Da der Erbgang bisher unbekannt ist und die Krankheit oft erst nach einigen Jahren zum Vorschein kommt, wird erst die Zukunft zeigen, welche Auswirkungen diese Zuchtmaßnahmen haben. Ein einziger »Popular Sire«, der Epilepsiegene trägt, kann ausreichen, um die gesamte Zuchtbasis einer Population mit den entsprechenden Genen zu »versorgen«.

Epilepsie ist eine Krankheit, die bei allen Beteiligten viel Leid verursacht, sowohl bei den Hunden als auch bei ihren Besitzern, die ihren Aussie lieben und es kaum ertragen, ihn von Anfällen geschüttelt zu sehen. Dies ist eine Krankheit, die man nicht ignorieren darf, und es ist mir unverständlich, wie unverantwortlich in den letzten Jahrzehnten damit umgegangen wurde.

Es wäre wünschenswert, dass die Züchter aller Vereine weltweit zusammenarbeiten, sich gegenseitig über die Risiken in ihren Zuchtlinien informieren, die laufenden Forschungsstudien unterstützen, jeden Epilepsie-Fall melden und sofort die notwendigen Konsequenzen daraus ziehen.

Alle Aussiebesitzer und -züchter sollten die Forschungen zur Aufklärung des Erbganges der Epilepsie unterstützen, damit diese schreckliche Krankheit endlich eingedämmt werden kann.

Ahnenforschung vor dem Welpenkauf lohnt sich, wenn man das Risiko, dass der eigene Hund Epilepsie hat, verringern möchte, denn die ersten Krankheitsanzeichen treten erst im Alter von zwei bis maximal sieben Jahren auf. Der genaue Erbgang ist noch unbekannt.

Augenkrankheiten

Ein verantwortungsvoller Züchter lässt die von ihm gezogenen Welpen im Alter von etwa sieben Wochen zum ersten Mal von einem anerkannten Ophthalmologen (Spezialisten für Augenkrankheiten) auf erbliche Augenkrankheiten untersuchen. Einige erbliche Defekte wie die Collie Eye Anomalie können nur in diesem Alter festgestellt werden. Andere Krankheiten der Augen lassen sich erst später feststellen. Zuchtvereine und Clubs machen es daher in Deutschland zur Vorschrift, dass Hunde, die zur Zucht verwendet werden, jährlich auf erbliche Augenkrankheiten untersucht werden. Für manche Krankheiten wurden inzwischen auch Gentests entwickelt. Erkrankte Hunde werden von der Zucht ausgeschlossen.

Ungewöhnliche Augenfarben kommen beim Aussie häufig vor und sind kein Anzeichen von Blindheit

Katarakt (Grauer Star)

Die erbliche Katarakt, eine Trübung der Linse des Auges, die langsam zu einer Verminderung der Sehkraft bis hin zur Erblindung führt, ist beim Aussie aktuell die häufigste Augenkrankheit. Sie verursacht keine Schmerzen und schreitet in der Regel so langsam voran, dass der Hund sich gut daran anpassen kann.

Die erbliche Katarakt wird meist in einem Alter von eineinhalb bis drei Jahren, manchmal auch erst mit sieben oder acht Jahren diagnostiziert. Sie betrifft immer beide Augen, tritt aber manchmal bei einem Auge erst verzögert auf.

Betroffene Hunde dürfen nicht zur Zucht verwendet werden. Mittlerweile wurde eines der Gene identifiziert, die die erbliche Katarakt weitergeben: das HSF4.

Es ist ein Gentest verfügbar, durch den festgestellt werden kann, ob ein Hund Träger dieses Gens ist. Vermutlich sind nur ein paar der Formen der erblichen Katarakt beim Aussie mit diesem Gen verbunden, aber zumindest kann man durch diesen Test nun einen Teil der Träger identifizieren, sodass das Auftreten der Krankheit reduziert werden kann.

Diese beiden jungen Hündinnen haben keine Augenprobleme.

Iriskolobom

Diese Erkrankung, eine angeborene Veränderung der Iris, kommt meist einseitig vor und fast immer sind merlefarbene Hunde betroffen. Der Erbgang ist bisher unbekannt. In den meisten Fällen ist die Beeinträchtigung der Sehkraft unbedeutend, auch wenn große Kolobome zu einer Überempfindlichkeit gegenüber hellem Licht führen können. Iriskolobome sind von Geburt an vorhanden und sollten bei der ersten Augenuntersuchung des Hundes im Welpenalter entdeckt werden. Bei erweiterten Pupillen jedoch werden kleine Kolobome manchmal übersehen. Betroffene Hunde sind von der Zucht ausgeschlossen.

Distichien (Distichiasis)

Distichien sind anormale Augenwimpern, die in Richtung Auge wachsen und beim betroffenen Hund dauerndes Unbehagen oder Schmerz verursachen können. Ohne Behandlung können sie möglicherweise zu einer schweren Hornhautreizung führen. Die Ausprägung der Krankheit differiert, manchmal hat sie auch keinerlei Auswirkung auf das Wohlbefinden das Hundes. Die Vererbung ist bisher nicht bekannt.

Die meisten beim Aussie bekannten Augenkrankheiten konnten in den vergangenen Jahren erfolgreich eingedämmt werden. Diese Red Merle Hündin ist kerngesund.

Collie Eye Anomalie (CEA)

Die CEA ist angeboren und kann im Alter von drei bis acht Wochen (also bei der ersten Augenuntersuchung, die der Züchter vornehmen lässt) erkannt werden. Sie tritt beim Aussie mittlerweile sehr selten auf. Symptome sind unter anderem Kolobombildung, in schwerwiegenden Fällen Erblindung, Netzhautablösung und Blutung im Augapfel. Der Erbgang der CEA ist inzwischen gut erforscht, und so konnte die Krankheit beim Aussie bereits auf ein Minimum reduziert werden.

Progressive Retina Atrophie (PRA)

Die PRA ist erblich und betrifft immer beide Augen. Sie führt zur Erblindung. PRA ist im Alter von etwa vier Jahren feststellbar, beim Aussie ist diese Krankheit bisher sehr selten, der Erbgang wurde bereits gut erforscht.

Hüftgelenksdysplasie (HD)

Als Hüftgelenksdysplasie bezeichnet man eine Verformung der Hüftgelenkspfanne, die Teil des Beckens ist, und/oder des Oberschenkelkopfes und Oberschen-kelhalses. Die Verformung tritt in unterschiedlichen Schweregraden auf und kann, da die Gelenke nicht optimal ineinandergreifen, durch Reibung und Überbelastung im Laufe der Zeit zu schweren Bewegungseinschränkungen und heftigen Schmerzen führen.

Die HD tritt vor allem bei Hunden großer Rassen auf. Beim Australian Shepherd als mittelgroßer Rasse ist HD bisher kein übermäßig großes Problem, doch muss natürlich darauf geachtet werden, dass nicht mit betroffenen Tieren gezüchtet wird.

Australian Shepherds, die in den deutschen Vereinen zur Zucht verwendet werden, müssen daher auf Hüftgelenksdysplasie untersucht werden. Die Untersuchung beinhaltet eine Röntgenaufnahme beim Tierarzt, die anschließend an eine anerkannte Auswertungsstelle geschickt und dort beurteilt wird. Die HD-Untersuchung kann ab einem Alter von etwa achtzehn Monaten vorgenommen werden. Eine Auswertung vor diesem Zeitpunkt ist nicht aussagekräftig, da ein jüngerer Hund sich noch im Wachstum befindet. Für die Röntgenaufnahme muss der Aussie in Narkose gelegt werden, da die für die Aufnahme benötigte unbewegte Lagerung in gestreckter Haltung bei erschlaffter Muskulatur bei einem wachen Hund kaum möglich wäre. Die Auswertung unterscheidet zwischen HD-frei (A), Übergangs-form (B), leichter (C), mittlerer (D) und schwerer (E) HD, wobei innerhalb dieser Formen nochmals Abstufungen der Tendenz in Form von 1 oder 2 gegeben werden (also A1, A2, B1 usw.).

Zur Zucht eingesetzt werden dürfen Aussies mit einer A- oder B-Hüfte, in Grenzfällen und bei Verpaarung mit einem HD-freien Hund dürfen unter Umständen auch Hunde mit C-Hüften zur Zucht verwendet werden.

Dennoch kann es unter Umständen, auch wenn sowohl der Rüde als auch die Hündin sehr gute HD-Auswertungen haben, durch eine ungünstige Genkombination dazu kommen, dass Welpen mit schwerer HD aus dieser Verpaarung hervorgehen, da an dem Erbgang vermutlich mehrere Gene beteiligt sind.

Aktuell wird gerade, in Anlehnung an die Forschungen zur HD beim Deutschen Schäferhund, daran gearbeitet, durch molekulargenetische Untersuchungen die für die Vererbung der HD verantwortlichen Gene beim Aussie herauszufinden. In einem weiteren Schritt könnte dann ein Gentest entwickelt werden, mithilfe dessen bereits beim Welpen erkennbar wäre, ob er Träger der HD-Gene ist und ob er selbst einmal HD entwickeln könnte.

Parallel zur HD-Röntgenuntersuchung wird der Hund oft auch auf Ellenbogendysplasie (ED)

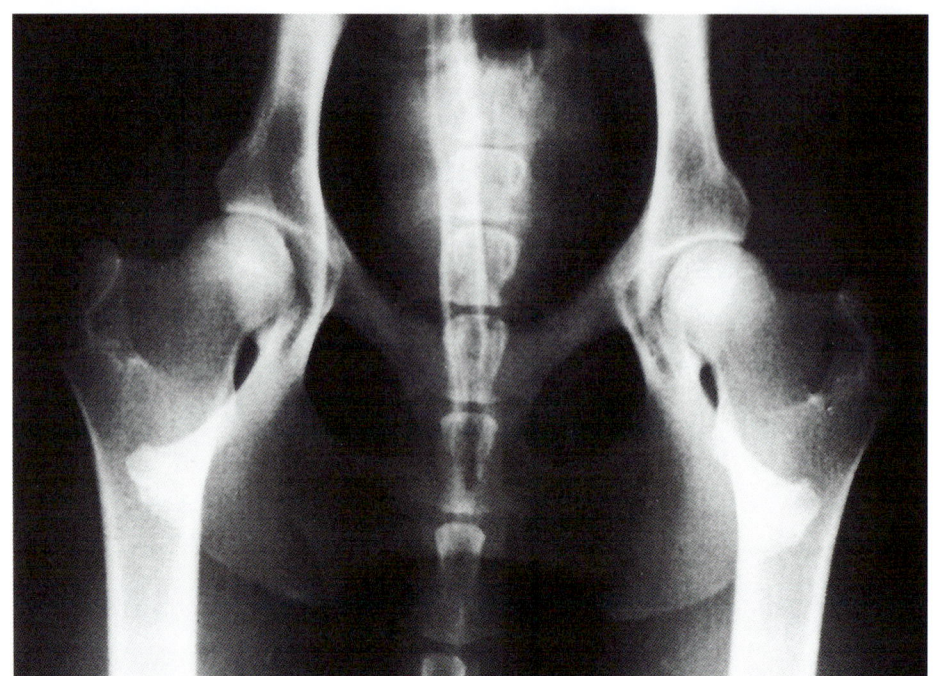

Röntgenbild normaler Hüft-
gelenke ohne Hinweise auf HD.

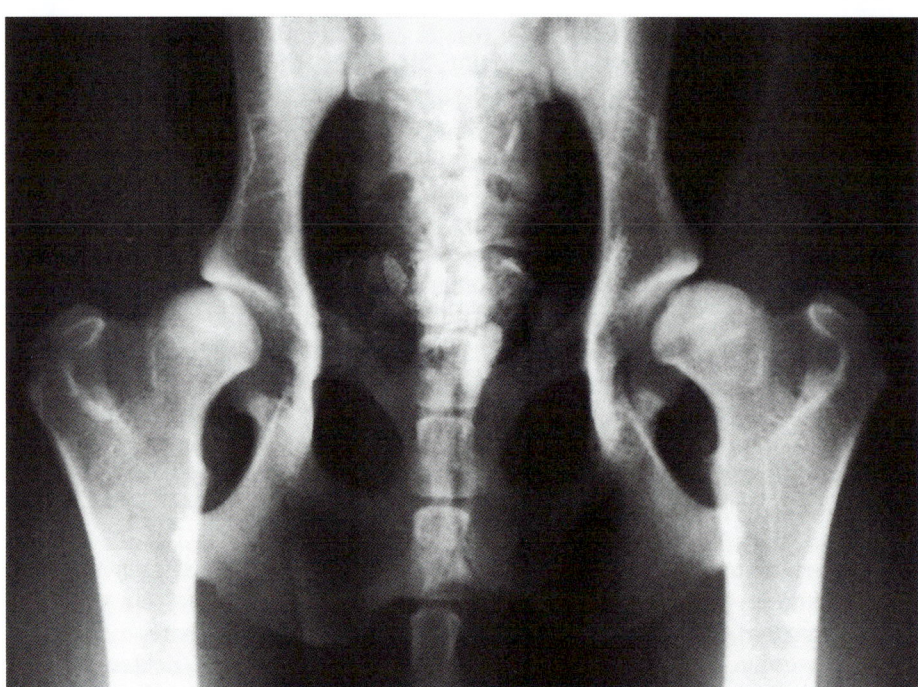

Röntgenbild einer Hüfte mit
der Diagnose »schwere HD«.

Hüftgelenksdysplasie ist sehr schmerzhaft und würde für den bewegungsfreudigen Aussie
eine große Einschränkung seiner Lebensqualität bedeuten.

Die aktiven Aussies sind vergleichsweise selten von angeborenen Gelenkproblemen betroffen. Trotzdem werden natürlich alle Zuchthunde untersucht.

Dieser Red Tri Hündin geht es sichtlich gut, sie hat den Schalk im Nacken.

Hunde, die vom MDR-1-Defekt betroffen sind, reagieren ungewöhnlich heftig auf bestimmte Medikamente.

untersucht, was vor allem dann wichtig ist, wenn er häufig springt, beispielsweise beim Agility, oder viele Treppen läuft. Die ED tritt aber beim Aussie sehr selten auf, daher ist diese Untersuchung bisher keine Pflicht für die Zuchtzulassung.

MDR-1-Defekt

Der MDR-1-Defekt ist ein genetischer Defekt, eine Mutation des sogenannten MDR (»Multi Drug Resistance«)-1-Gens, der eine Durchlässigkeit der Blut-Hirn-Schranke für toxische Stoffe bewirkt. Die Blut-Hirn-Schranke verhindert normalerweise durch ein bestimmtes Gen, dass giftige Substanzen ins Gehirn gelangen und dort Schaden anrichten. Durch den Defekt besteht bei betroffenen Hunden eine Überempfindlichkeit gegen mehrere Medikamente, am bekanntesten ist hier das Antiparasitikum Ivermectin. Bei betroffenen Hunden kann die Einnahme dieser Medikamente zu schweren Nebenwirkungen bis hin zum Tod führen.

Besonders häufig wird der MDR-1-Defekt bei Collies festgestellt, aber auch beim Aussie und anderen Hunderassen kommt er vor.

Viele Tierärzte wissen mittlerweile über diese Tatsache Bescheid und geben collieähnlichen Hunden Ausweichmedikamente, aber man sollte sich nicht darauf verlassen. Wenn Sie nicht wissen, ob Ihr Aussie vom MDR-1-Defekt betroffen ist, oder wenn er bereits positiv getestet wurde, weisen Sie Ihren Tierarzt auf jeden Fall vor der Behandlung darauf hin, dass die Einnahme bestimmter Medikamente gefährlich werden kann. Im Nachhinein kann man meist nichts mehr für den Hund tun.

Zuchthunde werden standardmäßig auf den MDR-1-Defekt getestet. Fragen Sie Ihren Züchter nach den Testergebnissen seiner Hunde.

Des Weiteren gibt es Untersuchungen, die belegen, dass der MDR-1-Defekt im Zusammenspiel mit weiteren Hormonen Auswirkungen auf den Cortisolspiegel hat, was den betroffenen Hunden unter Umständen den Umgang mit belastenden Situationen erschweren kann. Pauschalaussagen sind in dem Punkt aber nicht möglich, da hier die Persönlichkeit des einzelnen Hundes eine große Rolle spielt.

Es gibt einen Gentest, über den festgestellt werden kann, ob ein Australian Shepherd von dem Defekt betroffen, ob er Träger oder ob er von dem Defekt frei ist. Dieser Test ist ganz besonders wichtig, wenn der Hund viel mit Pferden oder Nutztieren zusammen ist, da Ivermectin Bestandteil vieler Wurmmittel ist, die für Pferde und Nutztiere verwendet werden. Leckt der Aussie Tropfen einer Pferdewurmkur auf oder frisst er viele Pferdeäpfel kürzlich entwurmter Pferde, dann kann das, wenn er vom MDR-1-Defekt betroffen ist, zu Vergiftungserscheinungen oder im schlimmsten Fall zum Tod führen.

Ebenfalls getestet werden Hunde, die zur Zucht verwendet werden. Die Ergebnisse werden bei der Zucht berücksichtigt, sodass möglichst keine Welpen von dem Defekt betroffen sind. Fragen Sie den Züchter Ihres Hundes nach den Auswertungen der Elterntiere, unter Umständen können Sie sich dann den Test für Ihren Hund sparen, da Sie aus den Ergebnissen der Eltern erschließen können, ob Ihr Aussie betroffen ist. Im Anhang finden Sie einen Link zur Homepage der Uni Gießen, auf der Informationen, die neuesten Forschungsergebnisse und eine Liste der potenziell gefährlichen Medikamente verfügbar sind.

Der alte Aussie

Nun teilen Sie Ihr Leben schon viele Jahre mit einem Australian Shepherd. Auch wenn es Ihnen schwerfällt, müssen Sie sich darüber klar werden, dass Ihr Aussie älter wird. Sie müssen sich auf seine veränderten Bedürfnisse einstellen. Australian Shepherds gehören mit einer Lebenserwartung von zwölf bis 16 Jahren zu den langlebigen Hunderassen. Etwa ab dem siebten oder achten Lebensjahr hat sich aber der Stoffwechsel des Aussies schon so weit verlangsamt, dass Sie seine Ernährung nach und nach auf leicht verdauliches Seniorenfutter umstellen sollten, damit er nicht zu dick wird und keine Verdauungsprobleme bekommt.

Auch die sportlichen Anforderungen müssen seinem Alter angepasst werden: Sportliche Höchstleistungen dürfen Sie jetzt nicht mehr verlangen, auch wenn Ihr langjähriger Freund immer noch alles geben würde, um Ihnen zu gefallen. Aber nur weil er alt ist, heißt das noch lange nicht, dass er nicht mehr arbeiten möchte. Auch ein alter Aussie hat Freude an der Ausführung bekannter Tricks, vielfältiger Aufgaben in Haus und Garten und an Agility mit niedrigeren Hindernissen, solange er nicht überfordert wird.

Die Hündin Peppi im zarten Alter von drei Wochen, auf der vorigen Seite 148 mit sieben Jahren. Ihr vertrauenvolles Wesen hat sie sich bewahrt, und die sorgfältige Sozialisierung in der Welpenzeit hat sich bezahlt gemacht.

Wenn er es gewohnt ist, am Vieh zu arbeiten, dann wäre es falsch, ihm diese Freude im Alter vorzuenthalten. Er sollte aber nicht mehr an wehrhaften Tieren arbeiten, da seine Reaktionsfähigkeit herabgesetzt ist und er sich nicht mehr schnell genug vor einem Tritt in Sicherheit bringen kann. Solange es ihm körperlich möglich ist, wird er immer bei Ihnen sein und mit Ihnen zusammen etwas Sinnvolles tun wollen.

Im Laufe der Jahre sind Sie mit Ihrem Aussie zu einem unzertrennlichen Team zusammengewachsen,
die Kommunikation ist selbstverständlich, man kennt sich, man braucht nicht mehr viele Gesten.

Irgendwann kommt dann die Zeit, in der Ihr langjähriger vierbeiniger Kumpel sich morgens immer schwerfälliger aus seinem Hundebett erhebt, um Ihnen anschließend schwanzwedelnd einen Guten Morgen entgegenzubrummeln. Er wird sich bemühen, Ihnen mit seinen mittlerweile getrübten Augen immer noch jeden Wunsch von den Lippen abzulesen, auch wenn wegen der müden Knochen inzwischen alles nicht mehr so
schnell geht wie früher. Auf den immer kürzeren Spaziergängen wird an jedem Grashalm geschnuppert und jeder Schmetterling inspiziert.

Der alte Aussie braucht seine Menschen mehr denn je. Er ist nicht mehr so flexibel wie früher, er braucht seine bekannten Rituale, sein vertrautes Zuhause, seine vertrauten Bezugspersonen. Ein alter Aussie hat vermutlich genau wie ein alter Mensch ein paar Macken, und Veränderungen sind nicht sein Ding.

Er wird häufiger als früher Ihre Nähe suchen, und vielleicht braucht er auch mehr Wärme, weil er schneller auskühlt.

Wenn seine Altersgebrechen ihm zunehmend zu schaffen machen und er immer weniger Lebenslust zeigt, das Futter verweigert und nicht mehr rausgehen möchte, dann müssen Sie sich damit abfinden, dass es langsam Zeit wird, sich von ihm zu verabschieden, auch wenn ein Hundeleben uns Menschen immer zu kurz erscheint und es Ihnen vorkommt, als sei es erst gestern gewesen, dass er als Welpe durch das Haus tobte. Ein Hund weiß meist genau, wann es keinen Sinn mehr hat zu kämpfen. Wer seinen Hund gut kennt, der bemerkt den Unterschied in seinem Verhalten. Dann sind Sie es ihm schuldig, gemeinsam mit dem Tierarzt Ihres Vertrauens eine Entscheidung zu treffen und Ihren Aussie sich nicht unnötig quälen zu lassen. Wenn es so weit ist, rufen Sie Ihren Tierarzt zu sich nach Hause, um Ihrem Hund den Stress eines Besuches in der Praxis in seiner letzten Stunde zu ersparen. Bleiben Sie bei Ihrem alten Aussie und zeigen Sie ihm, dass Sie ihn nicht alleine lassen, damit er sich sicher und geborgen fühlt.

Auch wenn er nicht mehr da ist, nicht mehr in seinem Korb liegt oder vor Ihnen sitzt und Sie mit seinem wachen Aussie-Blick aufmerksam anschaut, werden Sie die Erinnerung an ihn in Ihrem Herzen immer bei sich haben, denn er war ein ganz besonderer Teil Ihres Lebens.

Die Hündin Ronja, die 1996 den ersten Wurf Australian Shepherds im VDH zur Welt brachte, hat auf diesem Bild schon das Greisenalter erreicht.

Literatur

Hartnagle-Taylor, Jeanne Joy: All About Aussies. The Australian Shepherd From A To Z, Alpine Blue Ribbon Books 2004 (Nach wie vor das Standardwerk über Australian Shepherds. Hier findet der interessierte Leser Hintergründe zu den Anfängen der Aussiezucht und Fotos zahlreicher Gründungs-Zuchthunde.)

Theby, Viviane: Das Kosmos Welpenbuch. Der gute Start ins Hundeleben. Kosmos Verlag 2004

Theby, Viviane / Hares, Michaela: Das große Schnüffelbuch. Nasenspiele für Hunde, Kynos Verlag 2010

Liebeck, Christiane: Mantrailing. Menschenspuren sicher verfolgen, Cadmos Verlag 2006

Kvam, Anne Lill: Spurensuche. Nasenarbeit Schritt für Schritt, Animal Learn Verlag 2005

Damm, Werner: Agility für Fortgeschrittene. Erfolgreich führen mit Körpersprache, Kynos Verlag, 2. Auflage 2007

Bruns, Sabine / Wolff, Marcus: Hundefrisbee. Von der ersten Scheibe bis zum Freestyle, Cadmos Verlag 2005

Führmann, Petra / Franzke, Iris: Zwei Hunde, doppelte Freude. Haltung und Erziehung von zwei und mehr Hunden, Kosmos Verlag 2005

Gansloßer, Dr. Udo: Verhaltensbiologie für Hundehalter. Verhaltensweisen aus dem Tierreich verstehen und auf den Hund beziehen, Kosmos Verlag 2007

Feddersen-Petersen, Dr. Dorit Urd: Ausdrucksverhalten beim Hund. Mimik und Körpersprache, Kommunikation und Verständigung, Kosmos Verlag 2008

Feddersen-Petersen, Dr. Dorit Urd: Hundepsychologie. Sozialverhalten und Wesen, Emotionen und Individualität, Kosmos Verlag 2004

Bloch, Günther / Radinger, Elli H.: Wölfisch für Hundehalter. Von Alpha, Dominanz und anderen populären Irrtümern, Kosmos Verlag 2010

Bloch, Günther / Dettling, Peter A.: Auge in Auge mit dem Wolf. 20 Jahre unterwegs mit frei lebenden Wölfen, Kosmos Verlag 2009

Adressen und Internetlinks

Australian Shepherd Club Deutschland e.V. (ASCD)
Hauptstraße 3
53506 Lind
E-Mail: 1Vorsitzender@ascdev.de
Internet: www.ascdev.de

Club für Australian Shepherd e.V. (CASD)
Weiler 7
78199 Bräunlingen-Weiler
E-Mail: cd.bosselmann@t-online.de
Internet: www.australian-shepherd-ig.de

Australian Shepherd Hütehunde Zuchtgemeinschaft e.V. (ASHZG)
Hellkamp 25
23560 Lübeck
E-Mail: info@ashzg.de
Internet: www.ashzg.de

Western Europe Working Australian Shepherd Club e.V. (WEWASC)
Haibacherstr. 118
63768 Hösbach
E-Mail: info@wewasc.com
Internet: www.wewasc.com

ASCA, Inc.
Internet: www.asca.org

Verband für das Deutsche Hundewesen e.V. (VDH)
Internet: www.vdh.de

Australian Shepherd Club Switzerland e.V. (ASCS)
Internet: www.australian-shepherd-club.ch

Australian Shepherds of Austria (ASA)
Internet: www.australianshepherds.at

www.notaussies.de – Die Australian Shepherd Notvermittlung »Notaussies«.

www.workingaussiesource.com – Diese englischsprachige Seite bietet eine große Menge an Informationen rund um den arbeitenden Aussie. In der »Stockdog Library« gibt es eine Fülle interessanter Artikel, von der Geschichte des Aussies über seine typische Arbeitsweise am Nutzvieh bis hin zu Themen rund um die Genetik. Hier findet man außerdem Informationen über die Züchter der Arbeitslinien und ein Arbeits-Tagebuch (Working Dog Diary) über den Alltag arbeitender Aussies und ihrer Besitzer.

www.hrdndog.com/pedigrees – Die Suchseite für Recherchen rund um die Abstammung und Verwandtschaftsverhältnisse von Australian Shepherds. Für die Korrektheit der gefundenen Daten wird allerdings keine Verantwortung übernommen.

www.ashgi.org – Die Website des Australian Shepherd Health And Genetics Institute veröffentlicht regelmäßig Artikel über die neuesten Forschungsarbeiten zu Erbkrankheiten der Rasse. Eine unschätzbare Wissensquelle für jeden (angehenden) Züchter und interessierten Aussiebesitzer.

www.med.vetmed.uni-muenchen.de/forschung/stud_neuro/neuro/index.html – Auf dieser Seite findet man Ansprechpartner zu der aktuell an der Universität München durchgeführten Studie zur Epilepsie beim Australian Shepherd.

www.vetmed.uni-giessen.de/pharmtox/mdr1_defekt.php – Hier gibt es alle aktuellen Informationen rund um den MDR-1-Defekt und eine Liste der kritischen Medikamente.

Über die Autorin

Inga Paff lebt und arbeitet als mobile Hundepsychologin, Hundeverhaltensberaterin und -therapeutin sowie freiberufliche Lektorin und Autorin in einem Vorort von Kiel in Schleswig-Holstein.

In ihrer Hundeverhaltensberatung (www.hunde-verhaltensberatung.de) legt sie sehr viel Wert auf die Kommunikation zwischen Mensch und Hund und das Verständnis der hundetypischen Verhaltensweisen. Besonders spezialisiert hat sie sich seit einigen Jahren auf die Rasse Australian Shepherd. Sie selbst besitzt zwei Australian Shepherd Hündinnen aus sehr verschiedenen Zuchtrichtungen. Privat organisiert sie seit 2007 regelmäßige Aussiespaziergänge in der näheren Umgebung Kiels.

Inga Paff war etwa fünf Jahre lang Mitglied des CASD e.V. und während der letzten beiden Mitgliedsjahre gemeinsam mit Nadine Krei ehrenamtlich Redakteurin der Vereinszeitschrift Aussie Post. Sie beriet auf Ausstellungen Interessenten am Infostand über die Rasse und assistierte als Ringhelferin im Ausstellungsring. Ende 2009 trat sie aus dem CASD aus und gehört seitdem keinem Verein mehr an. Sie sah sich stets als neutrale Beobachterin. Da sie selbst nicht züchtet und keine eigenen Interessen in der Zucht verfolgt, kann sie diesen neutralen Standpunkt besser als ein eingebundener Züchter behaupten. Sie beschäftigt sich seit Jahren mit Fragen der Zucht und Haltung von Australian Shepherds und hat zahlreiche Kontakte zu Züchtern und Aussiebesitzern in ganz Deutschland. Ihr Hauptanliegen ist die Erhaltung der Gesundheit der Aussies, daher wünscht sie sich eine vereinsübergreifende aufrichtige und offene Zusammenarbeit aller Züchter dieser wundervollen Hunderasse.

Danksagung

Danken möchte ich Gisela Rau vom Kynos Verlag sowie Nadine und Gordon Krei, die mir ihre wundervolle Fotosammlung zur Verfügung gestellt haben. Weiterhin danke ich Jutta Weißl, Prof. Dr. Joachim Geyer und Dr. Udo Gansloßer für ihre fachliche Beratung sowie Ada Nowek und Madeleine Belling für die Korrekturen in Bezug auf die Vereine. Für ihre freundschaftliche Unterstützung danke ich Daniel Jung, Regine Marxen, meinen Eltern, meiner Schwester und ihrer Familie sowie allen anderen Freunden und Bekannten.

DER AUS
SHEPHEF